图书在版编目（CIP）数据

治愈的料理 /（日）迟冢美由纪著；王静译 . -- 北京：中信出版社，2023.3（2024.3重印）
（取悦自己的无限种可能）
ISBN 978-7-5217-5207-6

Ⅰ . ①治… Ⅱ . ①迟… ②王… Ⅲ . ①菜谱－日本
Ⅳ . ① TS972.183.13

中国国家版本馆 CIP 数据核字（2023）第 023098 号

装帧 · 设计 山城由（surmometer inc.）
插画 くぼあやこ
摄影 安井真喜子
文（第一部分、第二部分） 村山真由美
编辑 山田文惠

治愈的料理
著者： [日] 迟冢美由纪
译者： 王静
出版发行：中信出版集团股份有限公司
（北京市朝阳区东三环北路 27 号嘉铭中心 邮编 100020）
承印者： 北京启航东方印刷有限公司

开本：880mm×1230mm 1/32 印张：7.5 字数：70 千字
版次：2023 年 3 月第 1 版 印次：2024 年 3 月第 2 次印刷
京权图字：01–2023–0668 书号：ISBN 978–7–5217–5207–6
定价：72.00 元

序言

构成我们生活的有多种事物。亲手挑选物品可以让我们每天的生活绚丽多彩。

《取悦自己的无限种可能》系列图书甄选精致事物，只为渴望独特生活风格的人们。此系列生动地总结了使用这些物品的创意，以及让挑选物品变得有趣的基础知识。

此系列并不墨守成规，对于探寻独具个人风格事物，极具启迪意义。

本册的主题是药膳。一听到“药膳”，也许很多人觉得高深，难以掌握。实际上，我们利用身边的食材就可以轻松完成。食物可以抚慰身心，让自己每天快乐生活。这本书将向读者介绍实际生活中的药膳。

黄色

红色

黑色

第三部分　每日简单药膳五色饭

绿色

白色

春季
食谱
P185
食谱
P189

食谱
P195

梅雨季

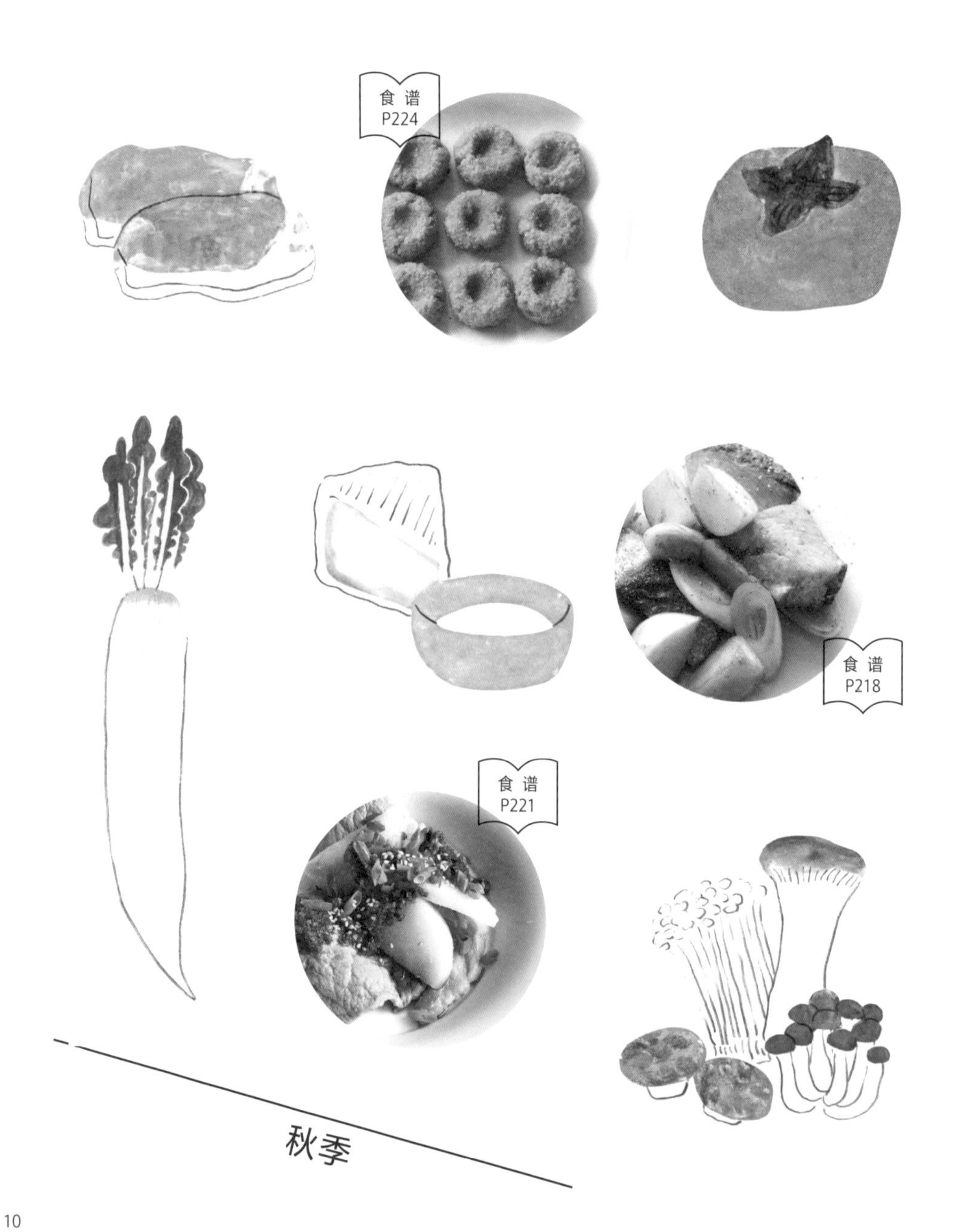
食 谱
P224
食 谱
P218
食 谱
P221
秋季

冬季

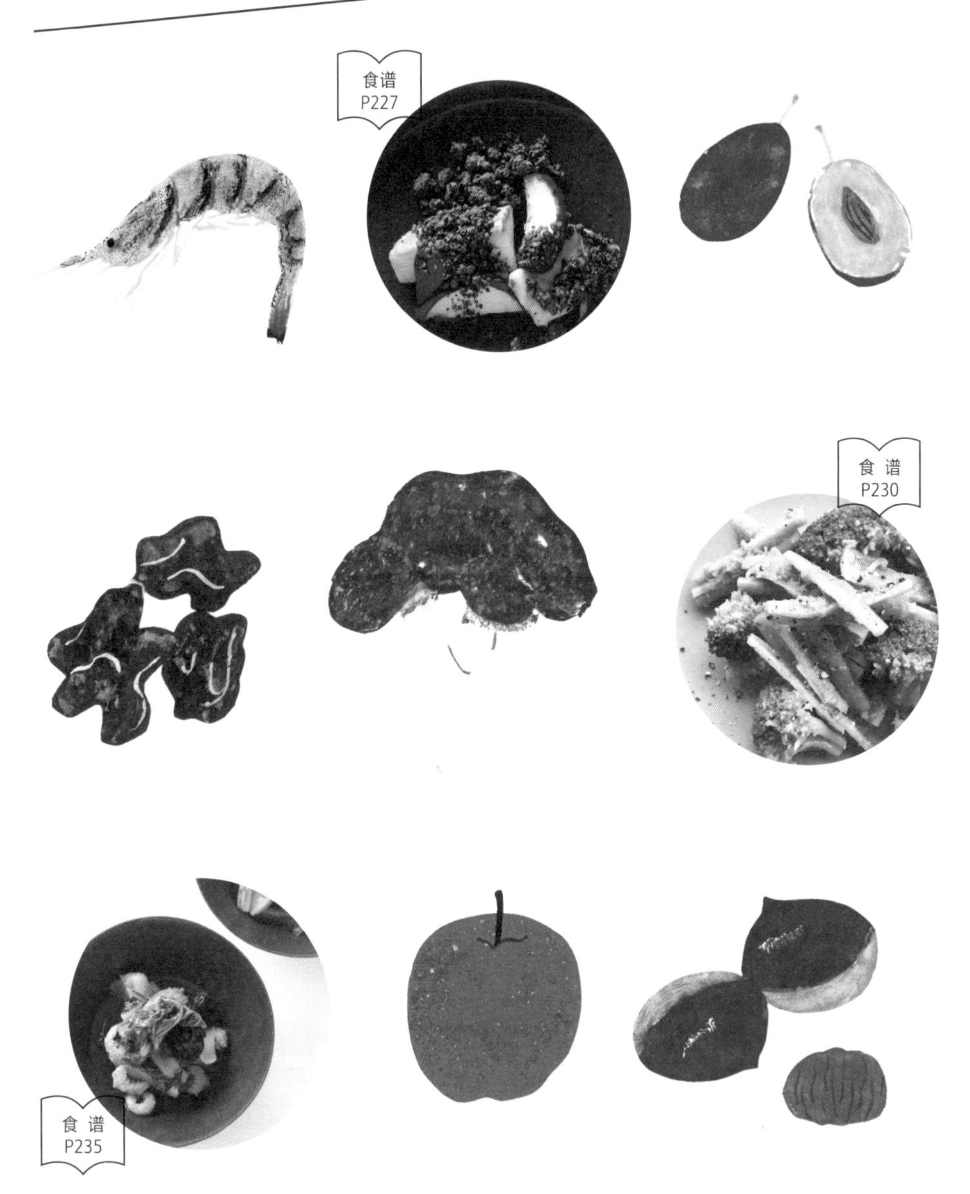

如何阅读本书

食材名称。有时会介绍野菜、柑橘类等多种类别的食材。

食材的主要功效。

对于食材所具功效，让身体清热解暑的称为“性寒”，让身体温经通络的称为“性温”，不属于以上两种的称为“性平”。

使用该食材的食谱所在页码。

第一部分
应季食材图鉴

五种颜色分别对应五个时节。春季对应绿色，梅雨季对应黄色，夏季对应红色，秋季对应白色，冬季对应黑色。尽管有些时节和颜色对应并不十分贴切，本书还是按照颜色分类介绍应季蔬菜、肉类、鱼类、贝类、水果等80种食材。

在现代社会，人们大多依据四季更迭来安排生活计划。与此相对，以药膳为基础的中医学则是依照节气来思考万物的。

为方便读者，本书结合时节来介绍食材和食谱。另外，中医学认为，除了四季，还有一个特别需要关注的时节——梅雨季。

spring

通常，人们在春季会重视排毒。我们把冬季体内囤积的脂肪和垃圾等多余物质持续不断地排出体外。因此，调理具有活血行气、解毒排毒功能的肝脏就显得至关重要。

春季，肝火旺，行气郁滞不通，让人情绪焦躁，心情也容易低落。

因此，我们可以吃一些具有镇定安神功效的西芹，以及有助于行气功效的鸭儿芹和柑橘类等带香气的食物。对肝脏有益的食物，从颜色来看，大多是绿色的。

春季饮食

celery

主要功效

西芹

缓解因压力而导致的焦虑和头痛

西芹的香气有助于调理具有行气排毒功效的肝脏功能。此外，西芹还有镇静安神的作用，缓解因压力导致的焦虑和不安，减轻头痛。

因压力而导致食欲减退的时候，请尝尝西芹吧。

西芹可以祛除体内湿热，身体浮肿的人群不妨吃点西芹，而畏寒、肠胃虚弱的人群不宜多食。

将西芹切成薄片做成沙拉，或切大段进行腌制或炖煮，生活中对其的烹饪方法五花八门。作为春季养生菜，推荐将西芹和柑橘做成沙拉。除了做成美味的煲汤和炖菜，将西芹切片替代洋葱，可以减少碳水化合物的摄入。

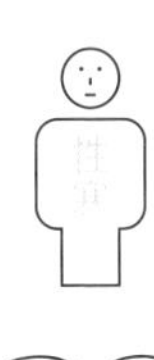

食谱
P183

rape blossoms

主要功效

菜心

清热解毒，缓解色斑沉积和疹子暴发

菜心可以调理春季难以稳定的肝脏功能。

菜心有活血行气之效，有助于排出体内废物，因此适合容易长斑或出疹子的人群，以及畏寒、肩部酸痛的人群食用。

菜心性温，体寒人群也可放心食用。菜心富含维生素和矿物质，可抗氧化，也有益于排毒。

带有独特微苦和辛辣味道的菜心在本书第三部分被用于煲汤。清炒菜心也十分可口。菜心还可与羊肉、芥末粒和焦酱油＊一起烹炒，或者与蛤蜊一起做意大利面也是不错的选择。

食谱
P184

＊ 将酱油煮至发焦的程度做成的调味料。——编者注

bamboo shoot

主要功效

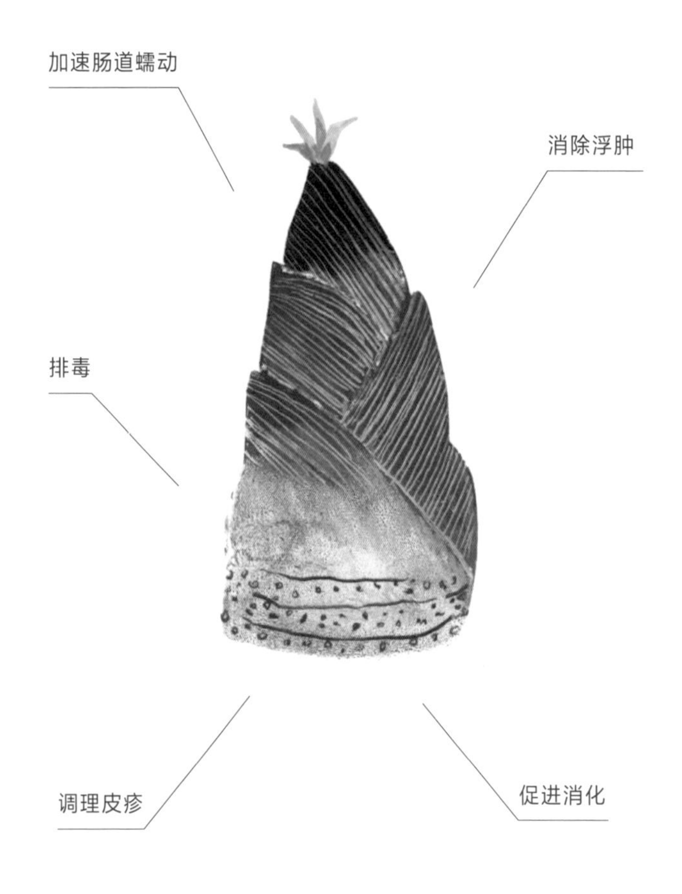

竹笋

促进身体循环的春季美味

在药膳中，像竹笋这样快速成长的食物，有利于促进体内阻滞不畅的气血、津液的运行。

如果体内的气血、津液运行顺畅的话，就可将多余的热量和体内垃圾排出体外，因此竹笋具有促进排便、帮助消化的功效。另外，遭受皮疹、湿疹等皮肤问题的人群也宜多食用竹笋。

排尿困难或身体浮肿时，食用竹笋是不错的选择。但是，肠胃虚弱或体寒的人群不宜多食。

竹笋处理起来费时费力，下锅前最好用开水焯一下，可以提升其美味程度。竹笋和高汤炖煮是绝配。它也适合用油烹炒，做成味道香浓的炒菜。把芝士夹在竹笋里油炸也是不错的选择。

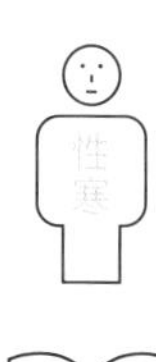

食谱
P186

citrus fruits

主要功效

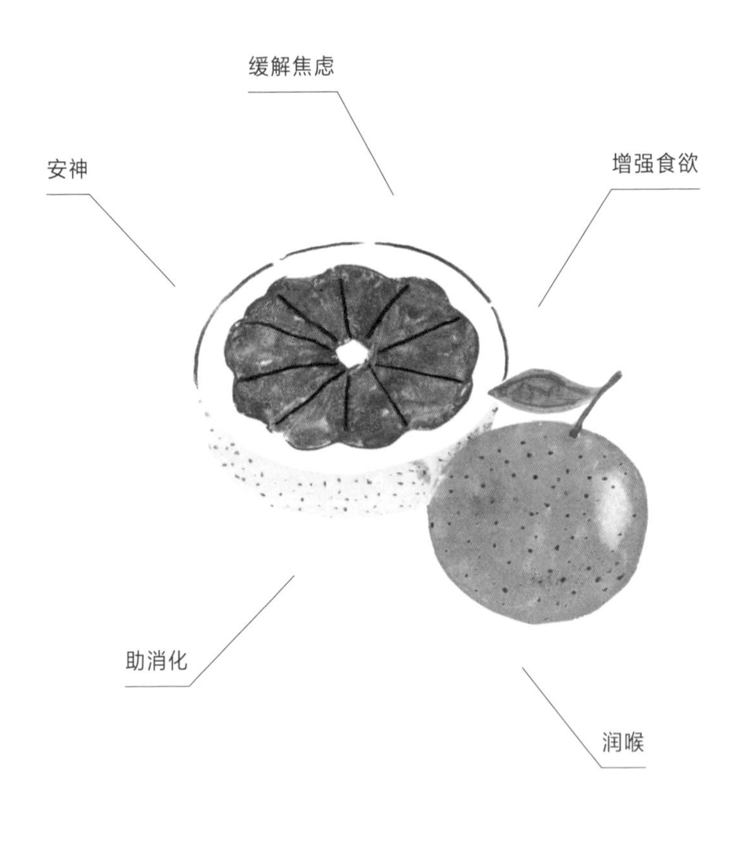

柑橘类

缓解压力和焦虑

柑橘类水果的香气有助于行气，压力过大感到焦虑的人，可以吃点柑橘类水果。

特别是果皮的浓郁香气，对行气具有显著功效，因此金橘或柚子等柑橘类水果的果皮都具有良好的药效。橘子皮风干后制成的陈皮就是一味中药药材。

此外，柑橘类水果还有健脾胃、助消化的功效。

有些柑橘类水果具有润喉、祛痰止咳的作用。

尽管有些柑橘类水果性寒，但金橘性温。

可以将柑橘类水果作为点缀，放在沙拉上，或用于做黄油嫩煎鸡肉、黄油嫩煎猪排的酱汁。将柑橘类水果和猪肉、旗鱼一起炖煮也是一道美味。将它加到需要橘皮果酱的炖菜里，作为调味汁使用，不失为一个好选择。如果买到无农药的橘子，不要把皮扔掉，可洗净晒干后冷冻保存。之后，橘子皮既可以加入炖菜中，也可以泡到茶里，有多种用途。

食谱
P189

asari clam

主要功效

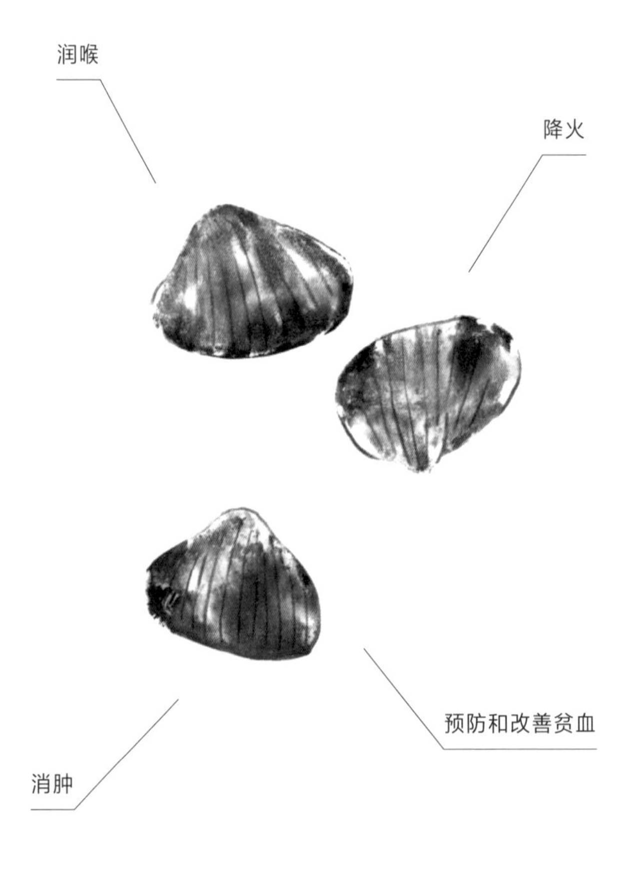

春

蛤蜊

消除浮肿，立竿见影

蛤蜊有清热、滋阴润燥的功效，可用于解渴止咳、抑制上火。另外，蛤蜊还有利尿消肿的作用，适宜浮肿人群食用。

蛤蜊味咸，具有软坚散结 * 的作用，因此非常适合排出黏着的痰液和体内垃圾。另外，蛤蜊还有安神的功效，适宜在情绪不稳定或压力较大时食用。

蛤蜊富含铁元素和维生素 B_{12}，能够有效预防和改善贫血。应季的蛤蜊肉质鲜嫩，味道肥美。不要等到肉质变紧再享用，因此烹饪诀窍就是把刚开口的蛤蜊快速盛到盘中。

如果只使用蛤蜊肉来烹饪，即便量不多，调出的汤汁用作调味也甚好，因为鲜味都浓缩在汤里。蛤蜊汤加入葡萄酒醋、少许酱油和少量蒜泥，再配上番茄干和扁桃仁，就是一道鲜香美味的下酒菜。

食 谱
P183

* 治疗学术语。指用软坚药物治疗浊痰瘀血等结聚成的病证的方法。

cabbage

主要功效

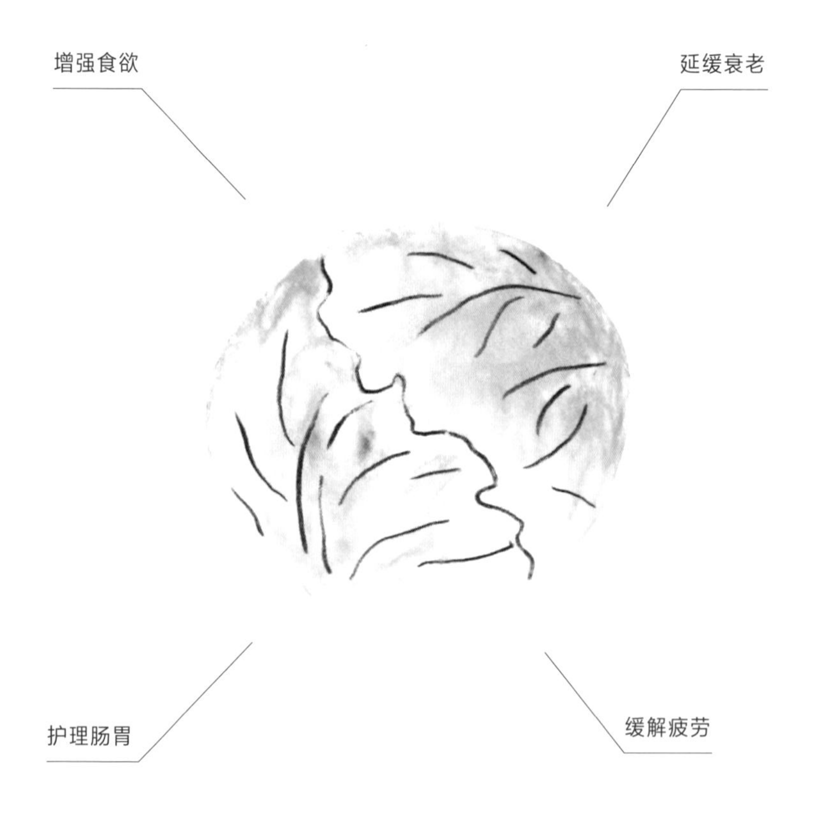

甘蓝

健脾养胃，增强体力

甘蓝具有养胃的功效，因此肠胃虚弱或没有食欲的人群可以食用。改善胃功能，就可以提高生成气血的效率，因此如果你感到体力匮乏，不妨尝尝甘蓝。

另外，在甘蓝汁里发现的维生素 U 也是肠胃药的成分之一。维生素 U 可预防胃溃疡等胃部疾病，并有助于胃溃疡的愈合，还可以延缓衰老。

甘甜美味的甘蓝可以做成沙拉生吃，也可以略微加热清炒。将掌心大小的甘蓝切成细丝，卷上一片涮火锅用的猪肉，蘸上少许盐和胡椒，用蒸锅或微波炉加热，淋上生姜丝酱油（或把生姜汁加入酱油中）、泰式甜辣酱，再加少许醋，就是一道美味佳肴。

udo

主要功效

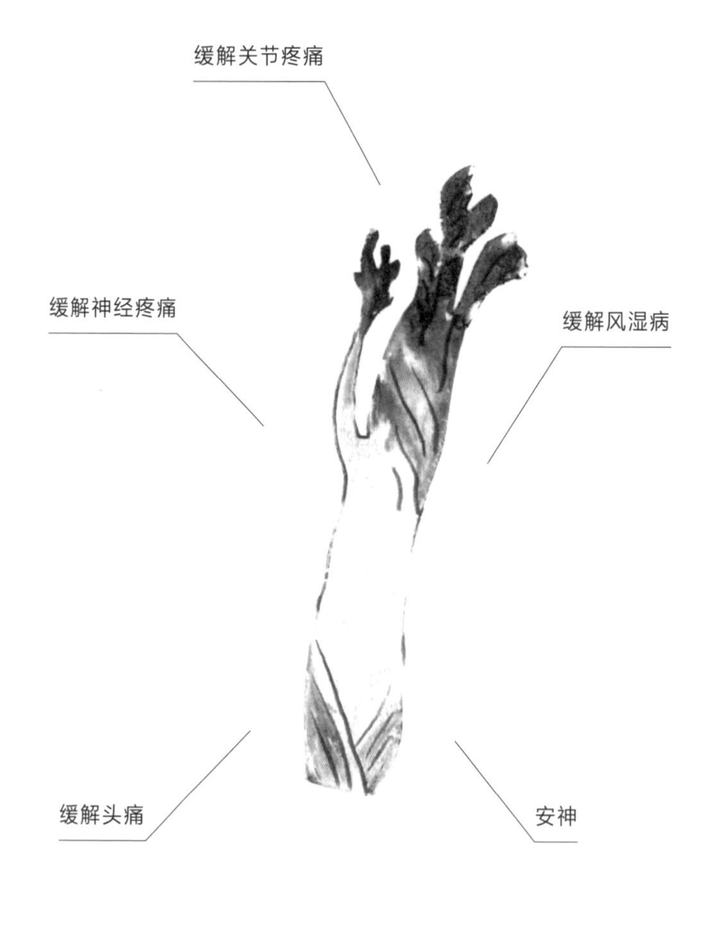

土当归

缓解关节疼痛

土当归有祛除体内多余水分的作用，特别是关节内残余的水分，从而缓解身体疼痛。另外，土当归还可缓解因体寒和湿气导致的头痛。

土当归的根晒干后就是一味中药药材。

土当归的香气可以使气血通畅，舒缓情绪。与通过遮光人工栽培的软白土当归相比，野生土当归的香气更浓郁，药效也更佳。

推荐把土当归去皮后做成沙拉食用。本书中用它和草莓一起做菜，此外，搭配苹果和柑橘也是不错的选择。倘若与叶菜搭配，除水芹外还推荐茼蒿。清炒土当归也十分美味，让人能一扫而光。

食谱
P179

主要功效

排毒

野菜

排出冬季体内积累的垃圾

山野间长出了野菜，宣告了春天的到来。款冬花茎、楤木芽、蕨菜之类的野菜种类繁多，很多野菜带有涩味，有的还有苦味。关于苦味大家众说纷纭，但普遍认为苦味菜具有清热的功效。楤木芽和蕨菜可以清热，而款冬性平，其花茎可以温热身体。药膳研究者认为，“苦味”有助于排出体内垃圾和多余水分。

野菜可加快气血、津液的流动，让身体代谢通畅。为了排出冬天体内积累的垃圾，让我们吃些野菜迎接春天的到来吧。

款冬与猪肉、大蒜、蛤蜊一起清炒，再用泰式鱼露调味，就是一道美味。款冬花茎焯水后切丁，用油浸泡，就制成一味中药药材。楤木芽还可用于制作意大利面的番茄酱等。

Strawberry

主要功效

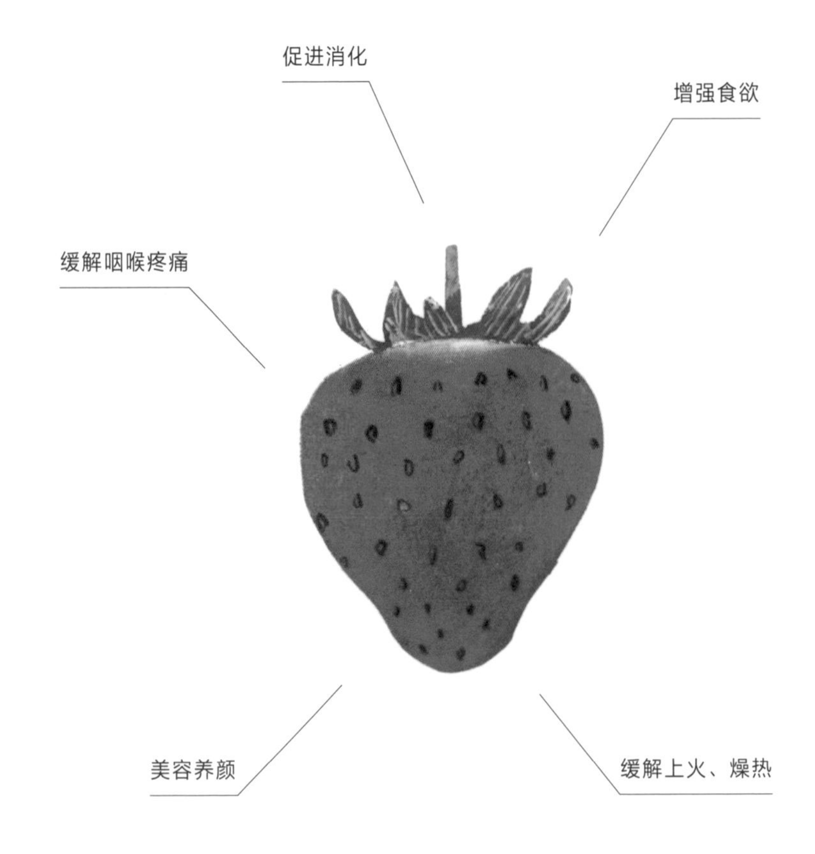

草莓

改善消化不良，美容养颜

草莓具有健脾和胃、促进消化、增强食欲的功效。草莓还可提升肝脏功能。

另外，草莓有益于清内热，滋润身体。因此，草莓适合上火燥热、咽喉疼痛的人群食用。

草莓含有丰富的维生素 C，对于预防色斑、皱纹等皮肤问题都有积极作用。草莓性寒，体寒的人群不宜多食。

众所周知，草莓可以直接食用。推荐用油炸草莓、竹笋和大叶玉簪，做成春卷。此外，草莓还可用于制作沙拉等多种菜肴。

食谱
P179

wakame seaweed

主要功效

裙带菜

排出体内多余水分

裙带菜具有祛除体内湿热的功效，因此适合浮肿人群食用。

裙带菜的黏液含有海藻酸和一种叫褐藻糖胶的膳食纤维成分，可抑制糖类和脂肪的吸收，预防心脑血管疾病。另外，它还有促进肠道蠕动、调理肠道环境的功效。

不过，体寒的人群不宜多食。

裙带菜和黄瓜一起制作醋拌凉菜是不错的选择。初春时，春寒料峭，两者都属性寒食物，可以加入让身体温热的生姜。此外，用芝麻油清炒裙带菜也很美味。

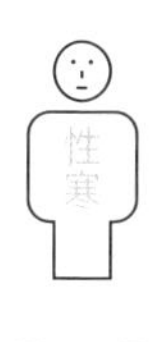

食谱
P184

春

garland chrysanthemum

茼蒿

主要功效

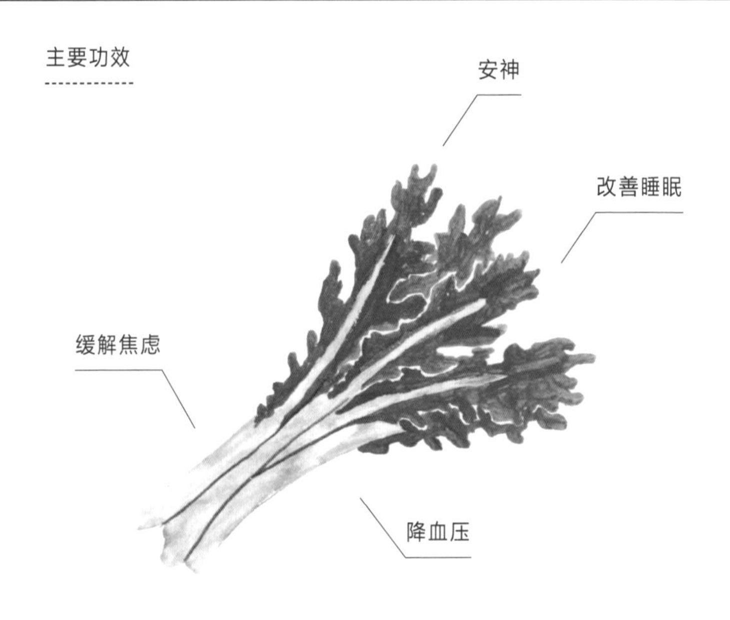

缓解春季的不安和焦虑

茼蒿气味芬芳，有利于行气，可缓解因压力导致的焦虑和不安，对失眠和高血压也有一定作用。

另外，当咳嗽、有痰、呼吸系统感染时，食用茼蒿可以消痰止咳。此外，茼蒿还可以温脾开胃，适宜食欲不佳的人群食用。

取茼蒿的叶片做成沙拉，淋上含有芥末粒酱的酸味调味汁，加上几粒扁桃仁，配上带有浓厚胡椒味的油浸凤尾鱼，就是一道美食。

食 谱
P181

onion

春

洋葱

主要功效

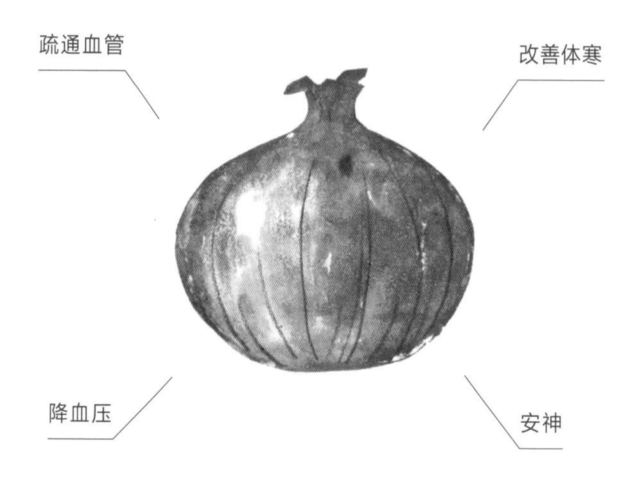

促进血液循环，暖身

洋葱的辣味具有行气理血、排出体内多余物质的作用。洋葱可以改善血液循环，因此适宜胆固醇、甘油三酯、血压值偏高的人群食用。因为洋葱可发散风寒，所以适合畏寒的人群。另外，洋葱还有安神的作用。

将味道甘甜、水分充足的新鲜洋葱切丝后，整个放入耐高温容器中，裹上保鲜膜用微波炉加热。之后配上木鱼花（干鲣鱼削片），淋上柚子醋，就是一道佳肴。

春

parsley

香芹菜

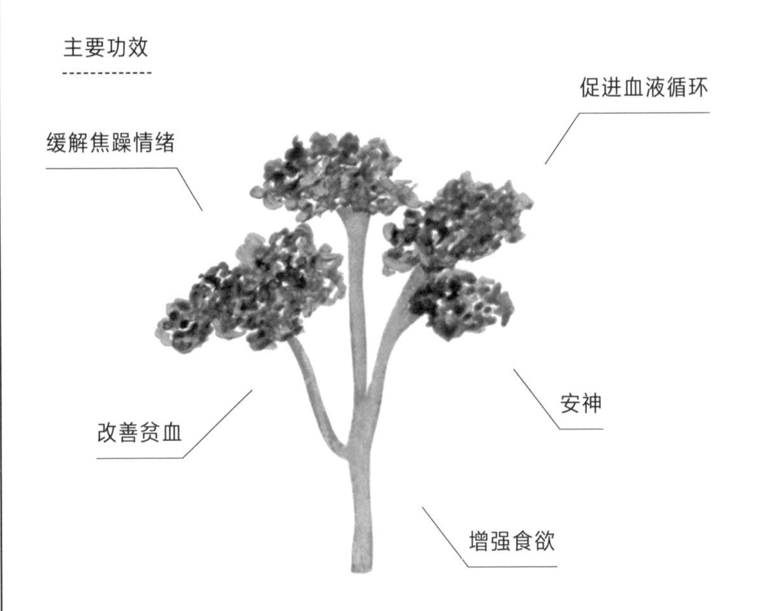

风味浓郁，行气理血

香芹菜的气味促进气血运行，缓解因压力过大而导致的心焦气躁。

另外，香芹菜还有补血、促进血液循环的功效，因此对改善贫血具有一定作用。

胃部积食、食欲缺乏时可以食用香芹菜。

将香芹菜放入搅拌机，淋上特级初榨橄榄油，做成酱汁，或把大量香芹菜切碎做成塔布勒沙拉或中东风味的沙拉都是不错的选择。

食谱
P185

Japanese honewort

春

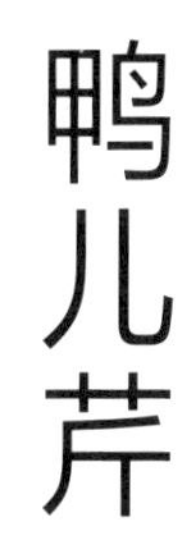

鸭儿芹

主要功效

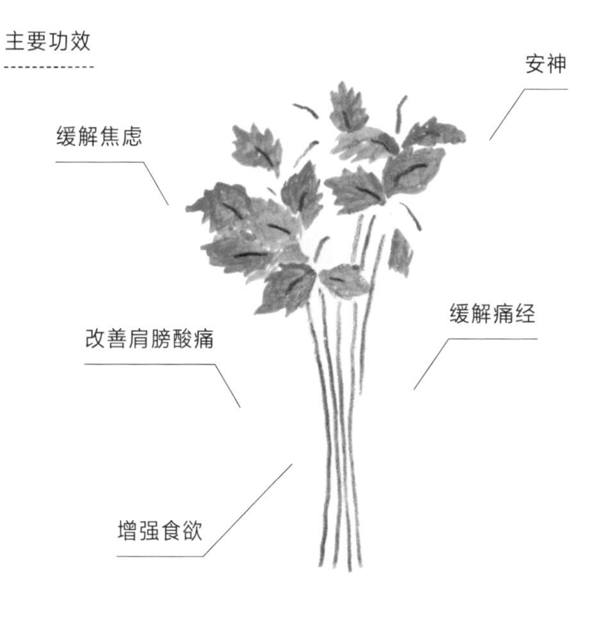

缓解焦虑

鸭儿芹的特点是口感清香。它有助于气血运行通畅，因此适宜因压力而感到心烦意乱，以及肩膀酸痛、痛经等人群食用。

另外，食欲不佳时食用鸭儿芹也是不错的选择。

培根与切片的洋葱一起清炒，加水煲汤，再加入一大把鸭儿芹，就可以尽情享用美味了。

春

avocado

牛油果

主要功效

感到疲劳就吃个牛油果吧

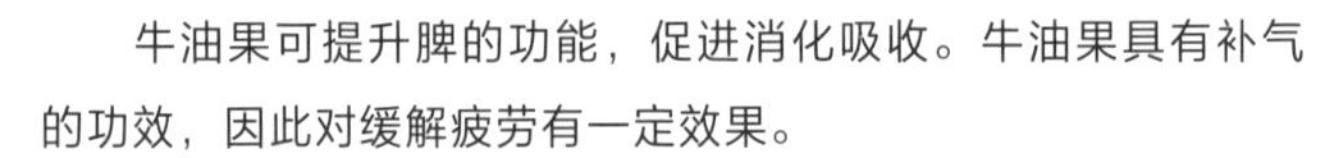

牛油果可提升脾的功能，促进消化吸收。牛油果具有补气的功效，因此对缓解疲劳有一定效果。

此外，牛油果还可以润肠通便，改善肝脏功能，是疲惫时的食用佳品。

牛油果的油脂含量高，其含有的油酸有助于降低胆固醇。

可以把牛油果搅成泥，淋上柠檬汁，撒上盐和胡椒，再在上面放一个温泉蛋，做成酱汁。还可以将牛油果酱抹在吐司上，或放在冷却的乌冬面上，都是一道美味。

食谱
P187

Chinese chive

春

韭菜

主要功效

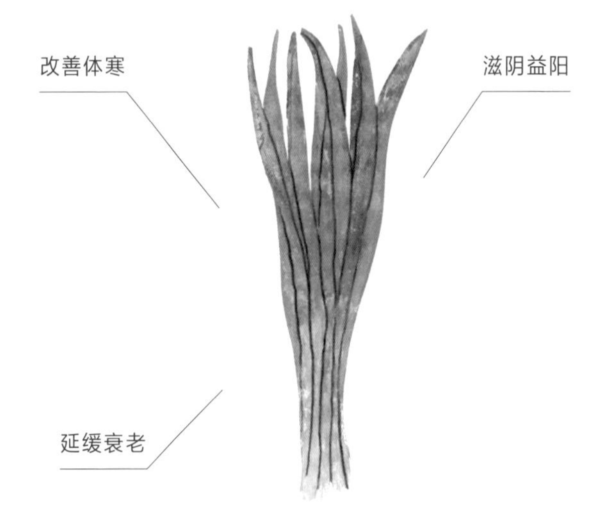

改善腰腿畏寒症状

韭菜可以温中理气，促进气血运行，并能有效改善腰腿畏寒症状。另外，韭菜能调和肾脏功能，具有促进血液循环的功效。韭菜还具有暖胃功效，能够促进消化吸收，还可滋身壮体。

韭菜带有鲜明的中国意象，可替代大蒜用在西式料理中。为改善体寒，可将韭菜焯水后控干水分，切成适当的长段，放入姜末，加入较多的低盐高汤酱油，调拌后即可食用。

rainy season

梅雨季湿气大，体内容易积存多余的水分，引发浮肿和畏寒症。

倘若主管消化吸收和水分代谢的脾脏滞留水分，就容易引起食欲缺乏和消化不良，会因无法生成气血，使人感到身体疲倦和不适。

因此，在梅雨季推荐食用不过于祛热，但能祛除体内多余水分的食物和恢复脾脏功能的食物。代表性食物是豆类和谷物等。从颜色来看，其特点是黄色食物较多。

梅雨季饮食

corn

主要功效

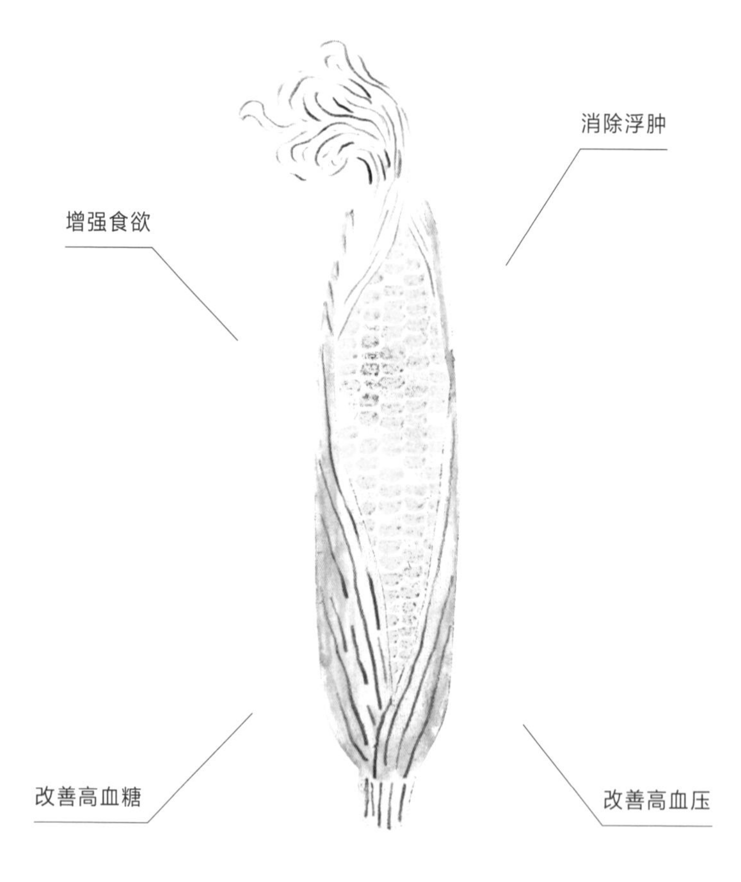

玉米

连玉米须都一起吃掉吧

玉米味甘，可提高主管消化吸收的脾胃功能，可用于食欲缺乏、疲倦人群的营养补给。

另外，玉米还有利尿的作用，虽然它并不清热，却利水消肿。

玉米须是一味中药药材，将其晒干煮水就是大众喜爱的玉米茶，对身体浮肿、高血糖、高血压等人群颇有益处。

剥下玉米粒，把玉米须切碎。只需加上盐，连同玉米芯一起和五分之一升的大米蒸成玉米饭。清炒玉米粒时，可以添加切碎的玉米须。美味的关键在于，只用嫩绿色的玉米须。

食谱
P191

asparagus

主要功效

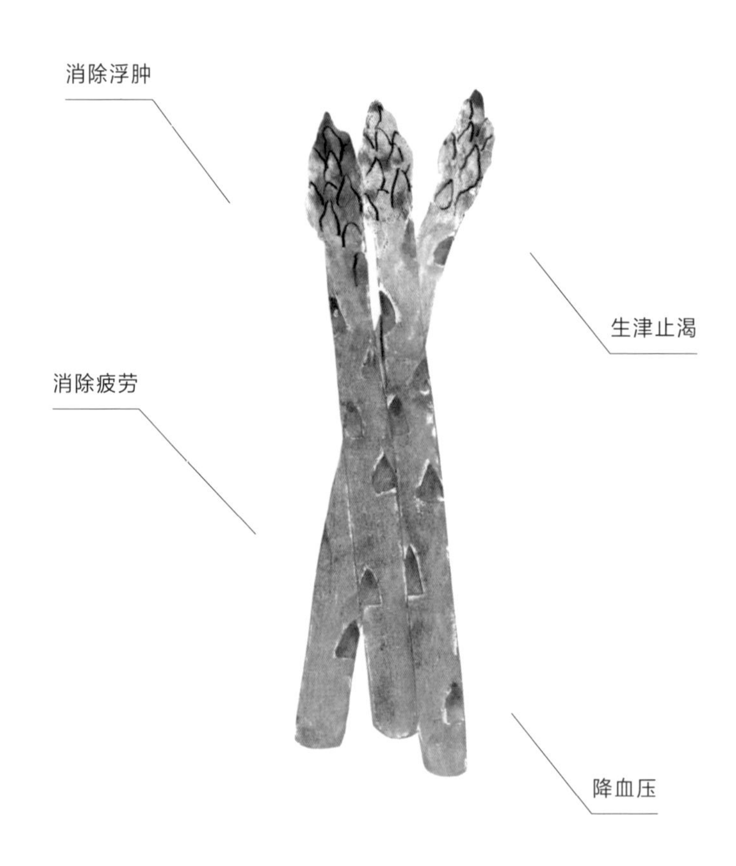

芦笋

可生津止渴、消除疲劳

芦笋可清热生津，补充因汗液蒸发而失掉的水分。当口干舌燥时，可以食用芦笋。

因为芦笋还有祛除体内多余水分的功效，适宜有浮肿症状的人群食用。芦笋中含有一种名叫天冬氨酸的氨基酸，能够缓解疲劳。

另外，芦笋尖儿含有芦丁，其具有促进血液循环、预防高血压的功效。

取新鲜、嫩绿的芦笋，斜切成薄片，做成沙拉生吃。芦笋味道甘甜，可产生与热食不同的口感。

食谱
P199

peas / fava beans

主要功效

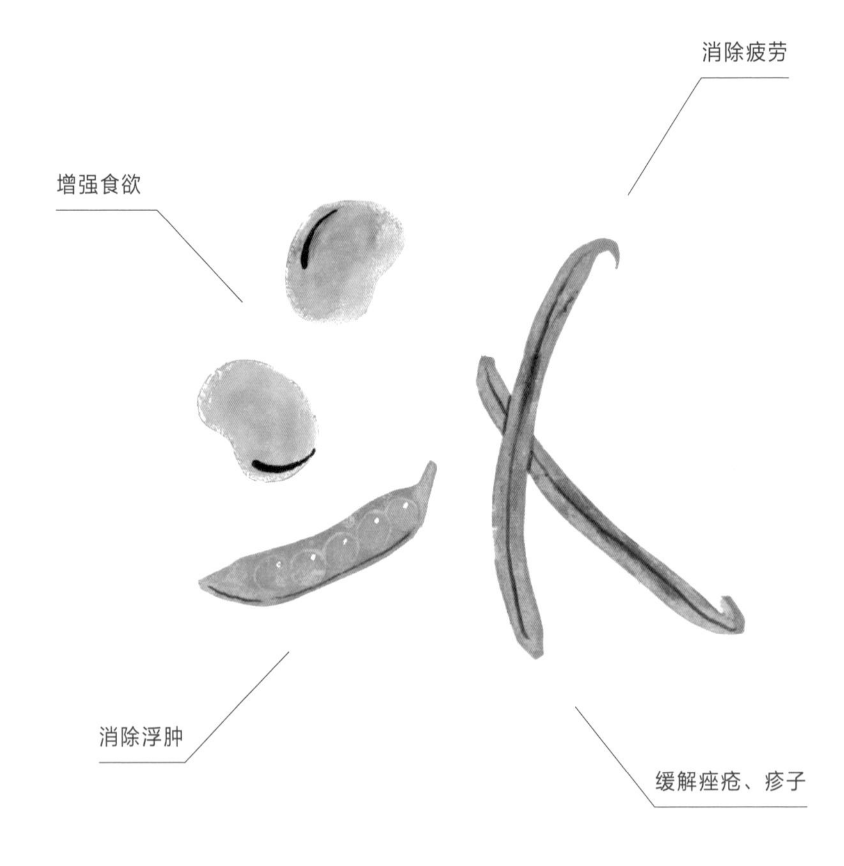

豆类

适合食欲缺乏、身体浮肿的人群

荷兰豆、青豌豆和作为干货食用的豌豆都是同一种食材（同属豆科豌豆属）。荷兰豆以采摘嫩荚为主，整个豆荚都可食用，而青豌豆是未成熟的豆子，豌豆则是指成熟后的豆子。豌豆有助于消除疲劳，可提升主管消化吸收和水分代谢的脾胃功能，排出体内多余水分，因此有益于增进食欲、改善浮肿和腹泻等。豌豆还有排毒作用，还能缓解痤疮和湿疹。

土豆泥中加入少许豆浆稀释，加上榨菜丁、焯水后切段的荷兰豆和甜豆，就是一道广受欢迎的土豆沙拉。沙拉里加蚕豆也很美味。

食谱
P199

pumpkin

主要功效

增强食欲

调节因受凉导致的肠胃不适

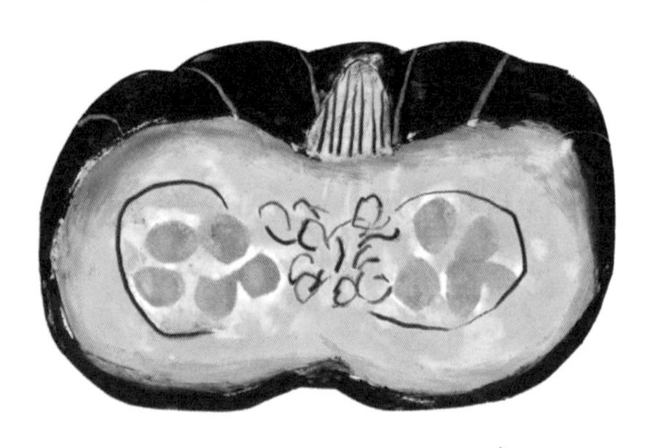

保护眼睛、皮肤
和黏膜健康

缓解疲劳

南瓜

健脾养胃，缓解疲劳

南瓜虽属于夏季蔬菜，但可以温暖脾胃。南瓜补气，适宜疲劳的人群食用。

南瓜健脾养胃，提升主管消化吸收的脾胃功能，适合因吹空调受凉导致肠胃不适、食欲缺乏的人群食用。

南瓜富含 β-胡萝卜素，可保护眼睛、皮肤和黏膜健康。

另外，南瓜含有大量的维生素 E，可预防细胞老化，促进血液循环，对预防动脉硬化也具有一定功效。

南瓜太硬切不动的时候，将整个南瓜放在微波炉里略微加热，就可以轻松切块。南瓜切细条，放入微波炉里加热，撒上紫苏碎，清淡爽口，别有一番风味。不喜欢炖南瓜的人群一定会爱上这道菜。

食谱
P197

green pepper / paprika

主要功效

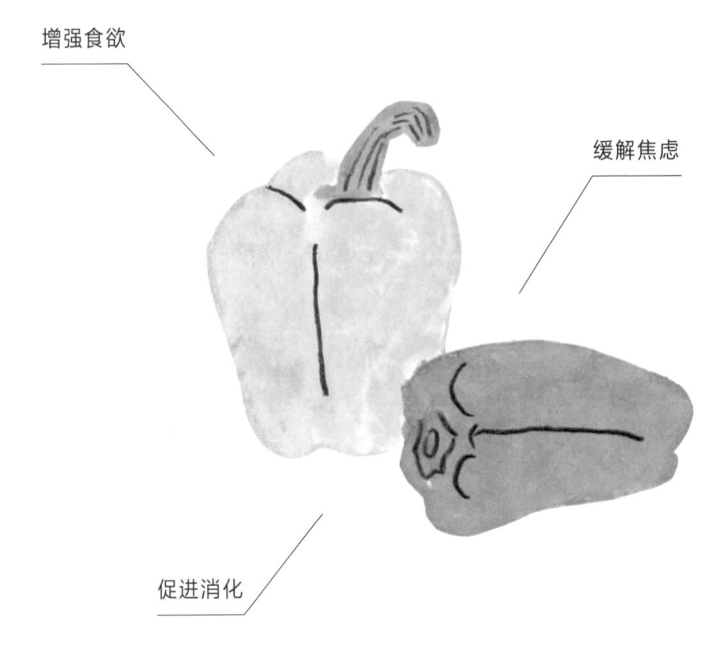

梅雨

青椒·柿子椒

缓解焦虑，增强食欲

青椒具有行气舒肝的功效，因此适宜情绪焦虑的人群食用。另外，青椒还可以提升胃的功能，食欲缺乏时或胃部积食的人群可吃点青椒。

青椒富含抗氧化的维生素 C 和维生素 E，对预防感冒和美容护肤也有一定功效。

与青椒相比，柿子椒的维生素 C 和 β－胡萝卜素含量更为丰富。红色柿子椒还具有美容功效。

夏季之前的软青椒用手撕成小块，生食，配上小沙丁鱼，只需淋上生姜酱油，就是一道美味。

食谱 P193

mango

主要功效

杧果

增强食欲，止呕消渴

杧果具有提升胃部功能、促进消化、抑制呕吐的功效。

另外，杧果能祛除体内多余水分，有利于消除浮肿。

此外，杧果还具有缓解口渴的作用。

杧果富含维持眼睛、皮肤和黏膜健康不可或缺的β-胡萝卜素。它还富含分解蛋白质的消化酵素。

然而，杧果性寒，寒性体质的人群注意不宜多食。

食谱中介绍的杧果莎莎酱可搭配墨西哥玉米饼蘸取食用，或配上嫩煎的鸡肉、猪肉也很美味。

食谱
P191

peanut

主要功效

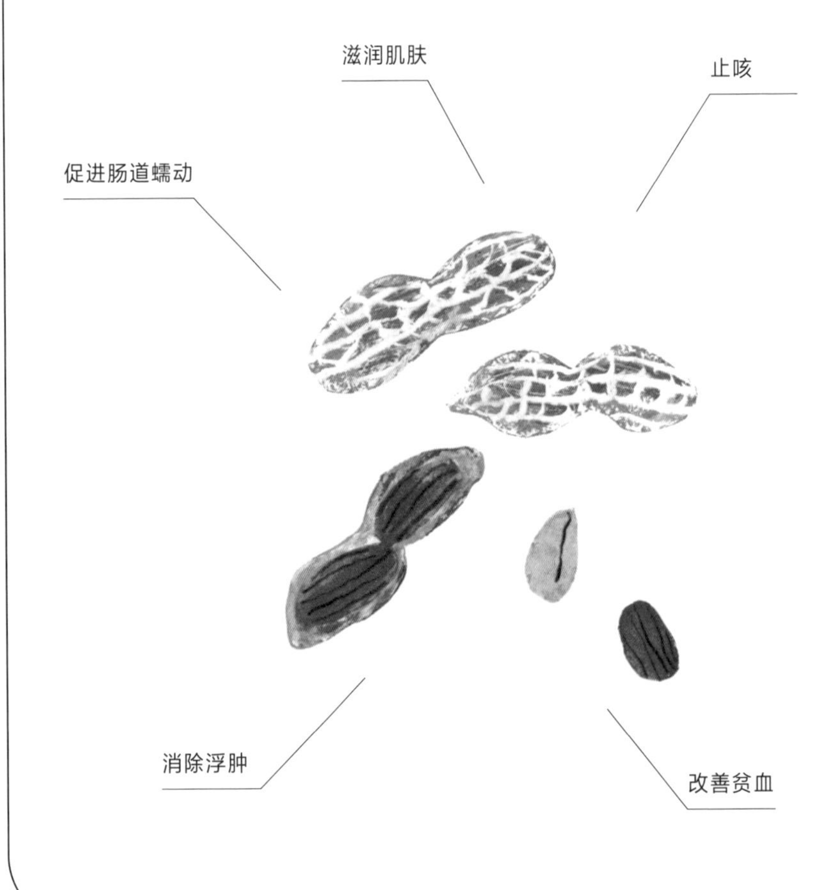

花生

促进消化，补给滋润

花生具有健脾、促进消化、润肺润肠、止咳、改善便秘的功效。

此外，花生还具有利尿作用，适宜身体浮肿的人群食用。

花生仁外面的红衣被称为“花生衣”，是一味中药材，具有补血、止血的功效。

现代医学认为，花生衣富含多酚，具有强大的抗氧化作用。

如果在做菜饭（把菜和肉放在米饭里一起烹饪）时加入带红衣的花生豆，吃起来就会有煮花生米的口感。

食谱
P219

bonito

主要功效

鲣鱼

延缓衰老，补气养血

鲣鱼不会增加胃部负担，具有补气养血的功效，因此适宜肠胃虚弱的人群食用。

另外，鲣鱼可以滋补主管性功能和水分代谢的肾，具有良好的延缓衰老效果。

初夏上市的鲣鱼富含蛋白质，而且脂肪含量低。

鲣鱼中暗红色的部分含有铁元素，可改善贫血。

快速煎炸鲣鱼表面，做成的油炸鲣鱼就很美味。如果嫌油炸麻烦，可以将面包糠、奶酪粉、大蒜、香芹菜混合在一起，在鲣鱼片上铺上厚厚的一层，再淋上少许特级初榨橄榄油，放入烤箱中烧烤，直到面包糠着色为止。

millet

主要功效

改善消化不良（稗子、黍子）

消除浮肿（小米）

缓解疲劳（稗子、黍子）

杂粮

促进消化，消除浮肿

谷物是滋养五脏的重要食材。与大米相比，杂粮中含有丰富的 B 族维生素和膳食纤维，对缓解疲劳和改善便秘具有一定功效。

谷物可以促进主管消化吸收和水分代谢的脾胃蠕动，促进营养吸收，补足作为精力源泉的气。小米还有利尿作用，适宜浮肿人群食用。疲惫不堪、消化不良的人群宜食用稗子、黍子等谷物。

煮饭时，杂粮不仅能和大米一起烹制，还可将其煮好加在汤里或沙拉里。此外，煮上若干杂粮，控干水分，放在冷冻保鲜袋中，薄薄地铺开，放入冰箱冷冻保存，即食即取，非常方便。

食谱
P191

adlay

主要功效

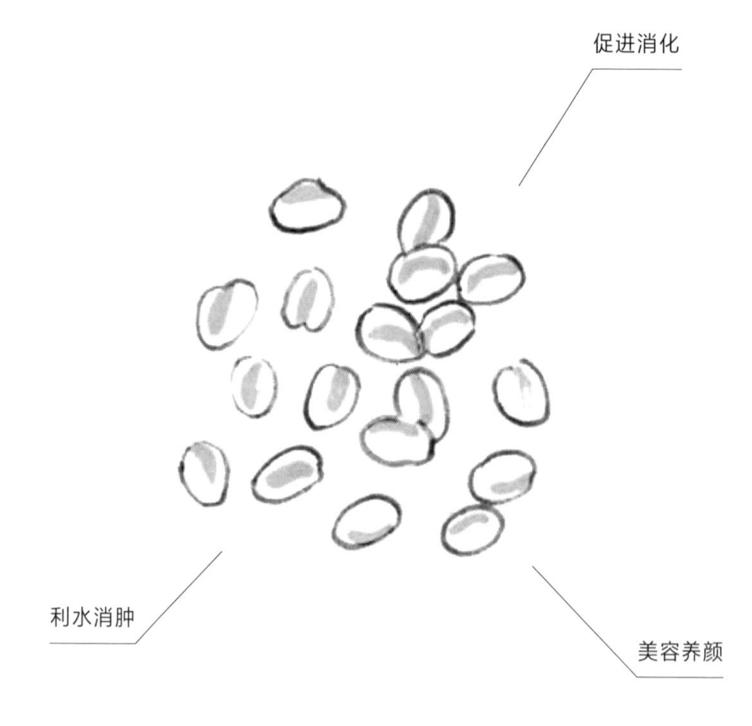

薏米

对美容护肤和消水肿具有显著效果

薏米有助于主管消化吸收和水分新陈代谢的脾胃运转，还可以促进消化，改善腹泻等。薏米具有利尿作用，因此有助于排出体内多余水分。

另外，薏米可以清热、促进排出体内垃圾，由此改善痤疮、黑斑、雀斑等肌肤问题。

薏米去壳后，就成了一味中药“薏米仁”。薏米仁自古以来就被用于祛除瘊子。

煮薏米花费时间较长，因此可以多煮一些，控干水分后放冰箱冷冻保存。如此一来，就可以在煮粥、炒菜、做沙拉等时即取即用。

煮薏米之前，轻轻搓洗，使其表面颜色脱落，这样可去除独特的气味。煮薏米的水也是一味中草药汤剂，具有美容养颜的功效，因此可以饮用，别倒掉。出乎意料的是，它的味道像米粥一样可口。在本书介绍的薏米蜜瓜蜜饯食谱中还可添加酸奶。

食谱
P200

绿豆芽·粉丝

bean sprout / chinese starch noodles

主要功效

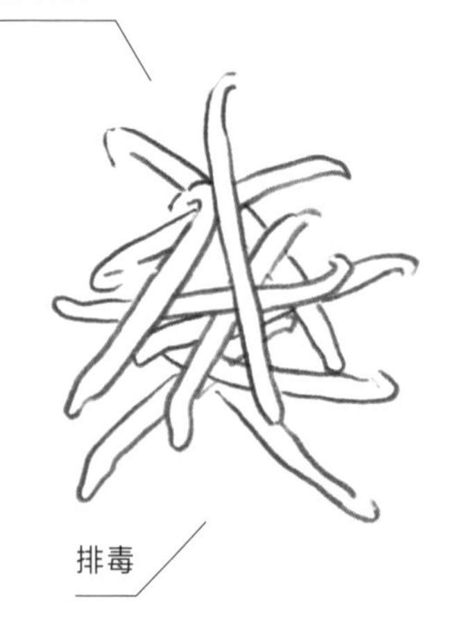

有利于排毒和排出水分

豆芽的种类众多。绿豆芽具有较强的清热功效。绿豆芽还有促进水分代谢和排毒的作用，因此可以消除身体浮肿和宿醉症状。绿豆粉丝也具有同样功效。

在药膳的发源地中国，超市里通常都设有绿豆柜台，绿豆是夏季消暑不可或缺的食材。

豆芽和番茄做成中式汤，或者与木耳、鸡蛋一起清炒，用酱油和少许蚝油调味，就做成了一道美味。

lettuce

梅雨

生菜

主要功效

推荐身体浮肿的人群食用

生菜可以祛除湿热，将垃圾等排出体外，因此适宜身体浮肿的人群食用。生菜富含膳食纤维，对改善便秘具有一定功效。另外，生菜还可滋养肠胃，对食欲不佳的人群也有帮助。

生菜口感清脆，含有钙，因此适宜焦躁不安的人群食用。它还有利于母乳分泌。

像吃火锅那样，把生菜稍微涮一下就可以吃下很多。生菜即使仅用柚子醋和香油调味，也令人欲罢不能。

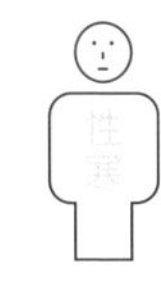

食谱 P195

梅雨

potato

土豆

主要功效

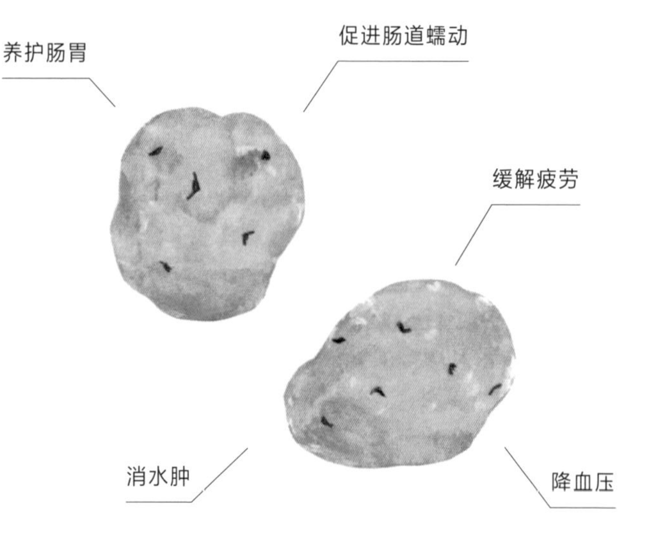

促进肠胃蠕动，调节盐分

土豆具有促进肠胃蠕动、补气的功效，因此肠胃虚弱的人群可以将其作为营养补给的食材。

土豆还有宽肠通便的作用。

土豆含有丰富的维生素C、钾和膳食纤维。

钾可以维持盐分平衡，对预防高血压有一定功效。

新土豆上市时节，把土豆油炸后和樱花虾混合在一起，撒上盐和花椒粉即可食用。

食谱
P196

ginger

梅雨

姜

主要功效

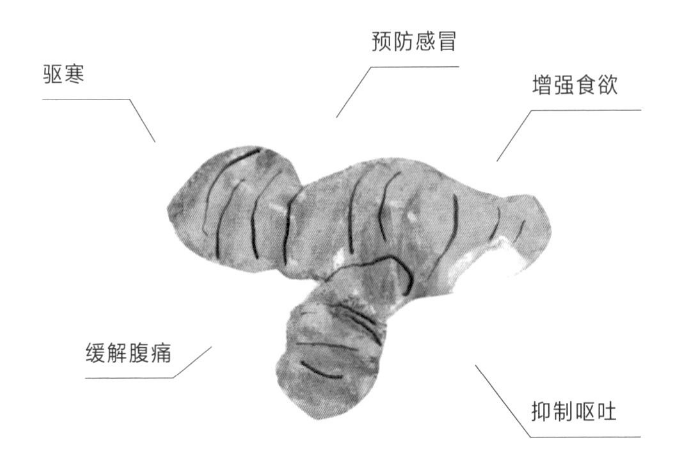

使用频率最高的温中食材

姜具有较强的温暖脾胃的功效，可改善因脾胃寒症导致的食欲缺乏、腹痛、呕吐等症状。

另外，姜可提升体温，促进发汗，祛除湿热，因此可用于消除身体浮肿。感冒初期，食用姜也很有效。

作为中草药的姜有两种，鲜姜干燥后的生姜和先蒸后干燥的干姜。干姜温热的功效更强。如果想让身体温热，冬季可以使用姜粉，梅雨季或夏季则可以直接用新鲜的生姜。

食谱
P201

梅雨

melon

蜜瓜

主要功效

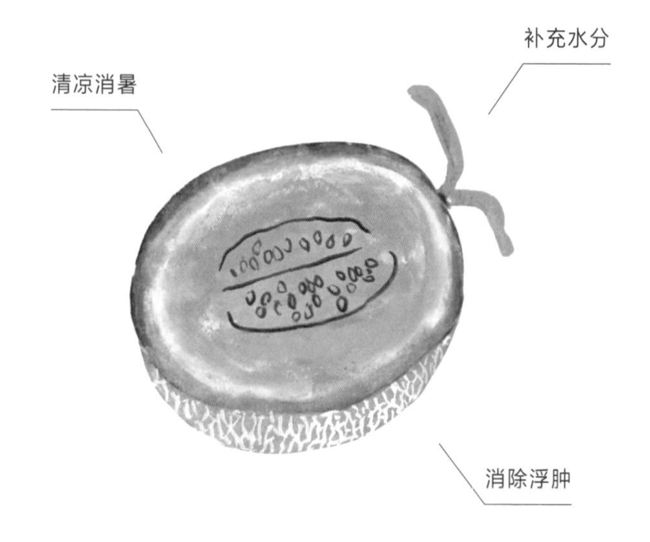

补充水分和祛除浮肿

蜜瓜在祛除体内湿热的同时，还可以补充水分，生津止渴，调节水分代谢，适宜害怕暑热、身体浮肿的人群食用。蜜瓜还能促进肠道蠕动，对改善便秘也有一定效果。

蜜瓜具有较强的清热作用，因此体寒的人不宜多食。

蜜瓜既可直接食用，也可与黄瓜、莳萝（小茴香）一起拌成沙拉。

食谱 P200

soybean

梅雨

黄豆

主要功效

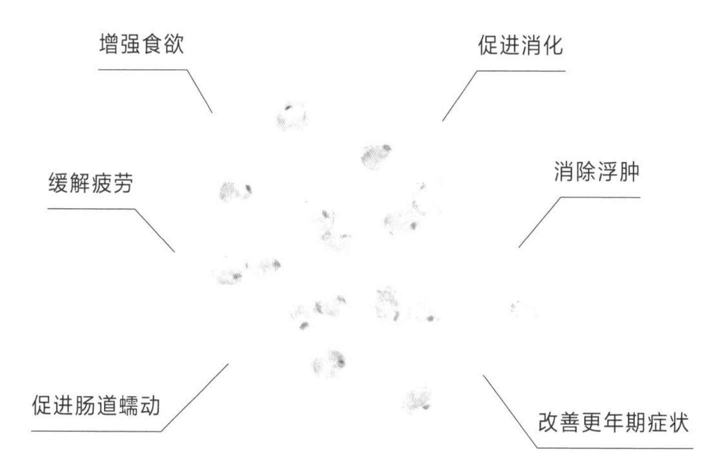

缓解疲劳，养护肠胃

黄豆具有提升脾胃功能、补气的功效，因此可以增强食欲、促进消化。

另外，黄豆还可祛除体内多余水分，促进肠道蠕动，对于消除浮肿、改善便秘也有一定作用。

黄豆富含与女性荷尔蒙具有类似功效的异黄酮，能够改善女性更年期因荷尔蒙缺乏而引起的各种症状。

烹饪主菜时，可将烤豆腐、油炸豆腐作为蛋白质来源，与蔬菜一起构成丰富的一餐。

summer

夏季饮食的要点是解热补气、补充身体丢失的水分。

在夏季，人们可以多吃番茄、西瓜等红色食物。另外，苦味食材具有清热、护心的功效（夏季心脏容易受损），因此苦瓜、可可豆等食物也适宜在夏季食用。

现代人受空调、冰凉饮食的影响，脾寒的人群较多，容易患上因消化吸收功能低下而导致的夏季倦怠症。因此，即便天气暑热，也要注意身体不要过于受寒。

夏季饮食

bitter gourd

主要功效

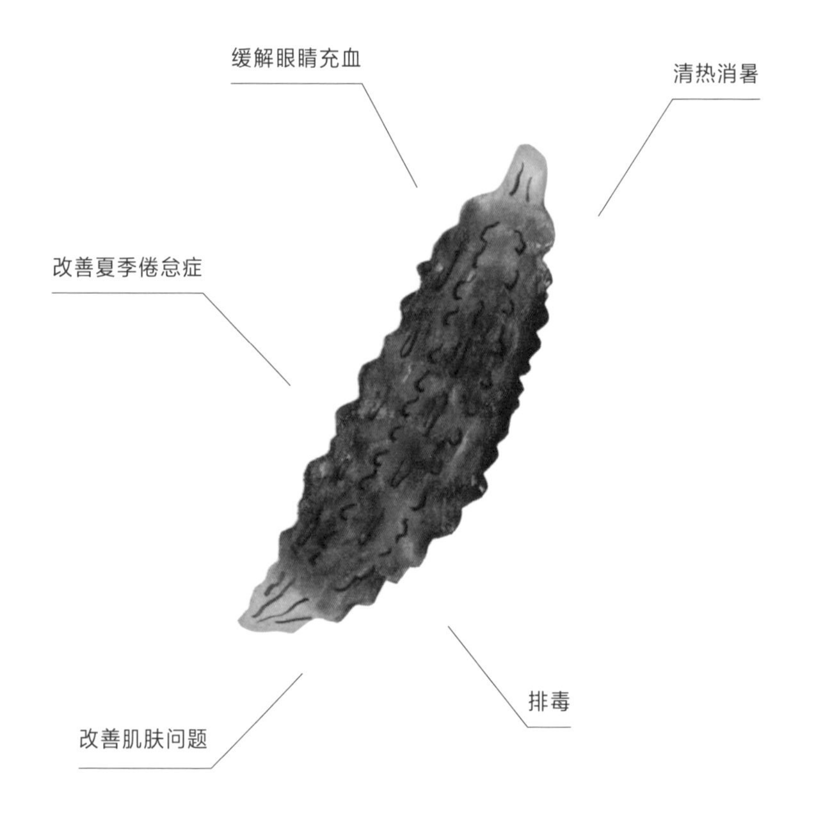

苦瓜

清热消暑，改善夏季倦怠症

苦瓜具有很强的清热消暑、补脾健胃的功效，可用于改善中暑和夏季倦怠症。

另外，苦瓜可缓解因体内积热导致的焦虑、皮疹、疖子、眼睛充血等症状。

苦味中含有苦瓜叶素和苦瓜甙，可抑制餐后血糖上升。

苦瓜有很强的清热作用，因此体寒人群不宜多食。

苦瓜去瓤，切成薄片，快速过水焯熟，配上控干水分的豆腐和用酸奶稀释的奶油奶酪一同搅拌，即是一道美味。

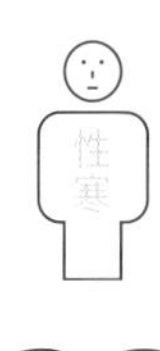

食谱
P211

tomato

主要功效

番茄

清热，抵御紫外线

番茄具有清热生津的功效，因此是夏季推荐食用的蔬菜。

番茄可促进胃的蠕动，适宜食欲缺乏或胃部积食人群食用。

另外，番茄对肝脏有益，可缓解心焦气躁。它对预防高血压和动脉硬化也很有效。

番茄的番茄红素具有很强的抗氧化作用，可以抵御紫外线的侵袭。想延缓衰老，番茄是理想食材。

夏季推荐将番茄与大量的茗荷、绿紫苏、生姜等佐料食材拌在一起，做成沙拉。番茄和鸡蛋、小葱一起清炒也是一道美味。

食谱
P203

eggplant

主要功效

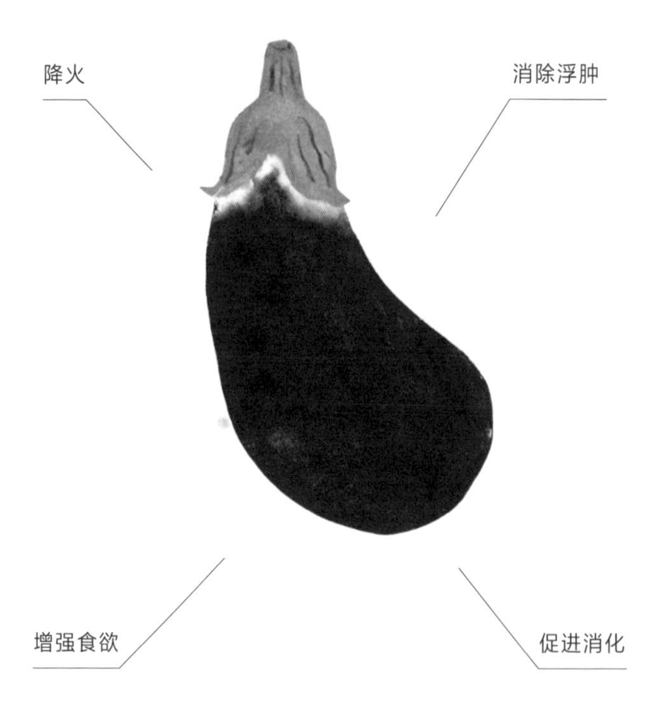

茄子

预防夏季倦怠症，消除身体浮肿

茄子可祛除体内湿热，因此可降火、消除浮肿。

另外，茄子具有促进血液循环的作用。它还有提升主管消化吸收的脾的运转能力，改善消化不良、促进食欲的功效，因此可用于预防夏季倦怠症。

茄子紫皮中的色素茄色甙是一种多酚，具有抗氧化作用，也具有延缓衰老的效果。

特别推荐第 213 页介绍的用微波炉加热茄子的做法。这种做法很简单，可以做出软乎乎的蒸茄子，只需蘸取柚子醋就是道美味，还可与多种食材搭配。

食谱
P213

watermelon

主要功效

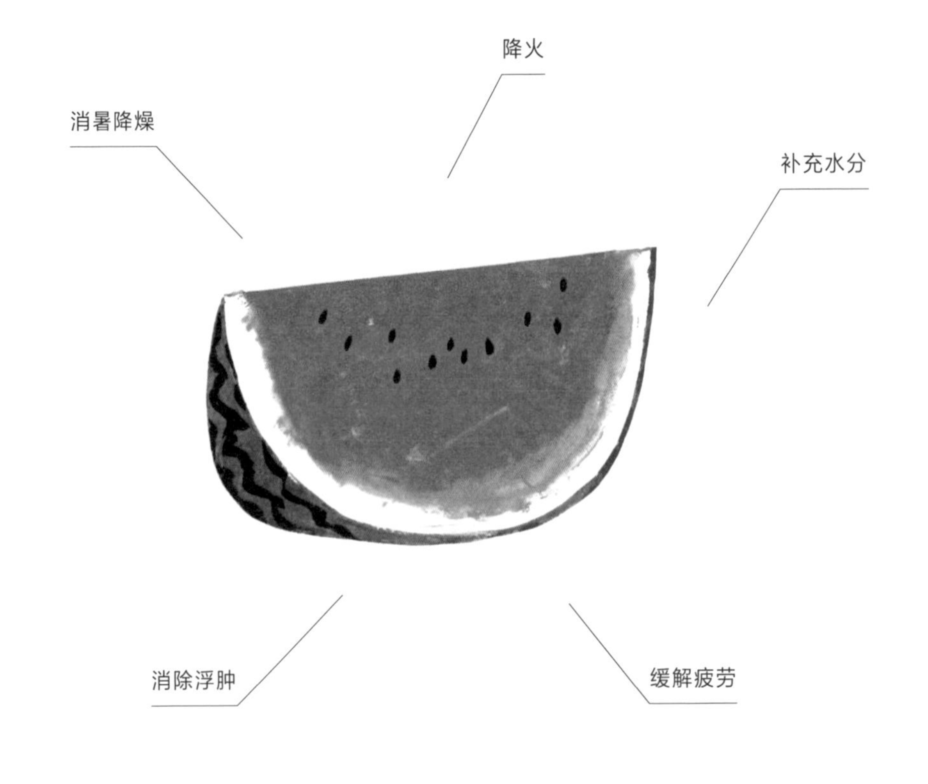

夏

西瓜

清热解暑，补充水分

提起夏天，许多人就会想到西瓜。西瓜具有很强的清热补水的功效。

西瓜可以止渴，对上火、发热等症状有一定改善，还能缓解因暑热导致的焦躁不安。

另外，西瓜具有很强的利尿作用，对消除身体浮肿和倦怠也有一定作用。

推荐将黄瓜、西葫芦、海藻等一同做成沙拉。带酸味的调味汁里还可加入西瓜汁。

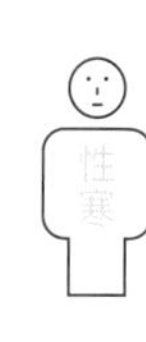

食谱
P203

okra

主要功效

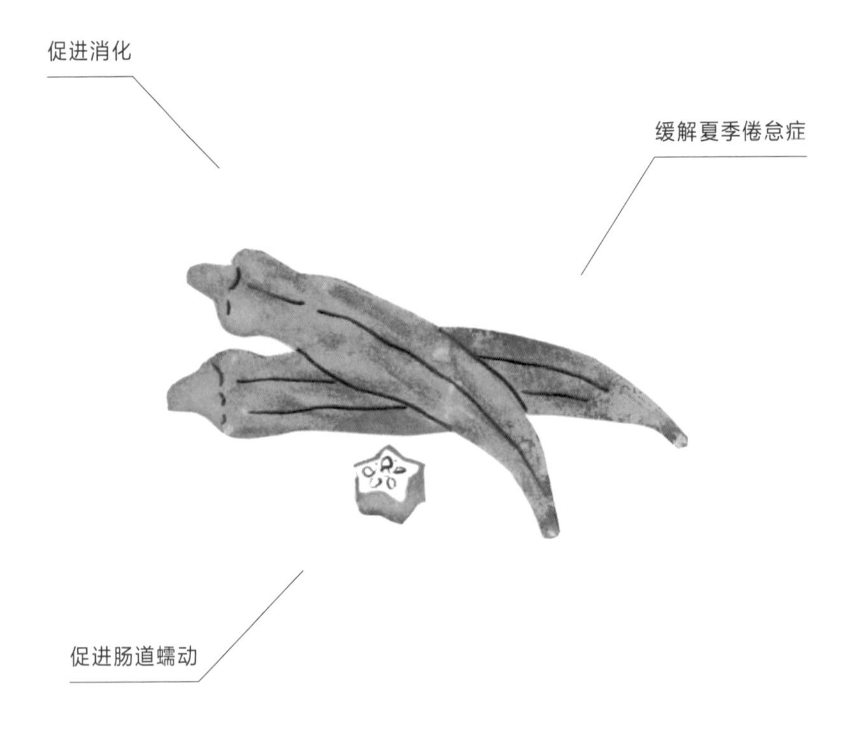

秋葵

对食欲缺乏和胃部积食有显著作用

秋葵具有健脾、促消化的功效，可改善食欲不佳、消化不良等症状，对缓解夏季倦怠症也有效。

另外，秋葵还有润肠通便的功效。

秋葵的黏液属于一种膳食纤维。它有保护胃肠黏膜、抑制餐后血糖迅速上升、抑制胆固醇吸收的作用，因此可以预防因不良生活习惯导致的疾病。

把山药和秋葵切成同样大小的方块，配上切成3～4毫米长的腌萝卜，淋上少许柚子醋，就做成了一道下酒菜。还可以把秋葵放在咖喱饭里，或做成西式泡菜、油炸秋葵。

食谱
P205

myoga

主要功效

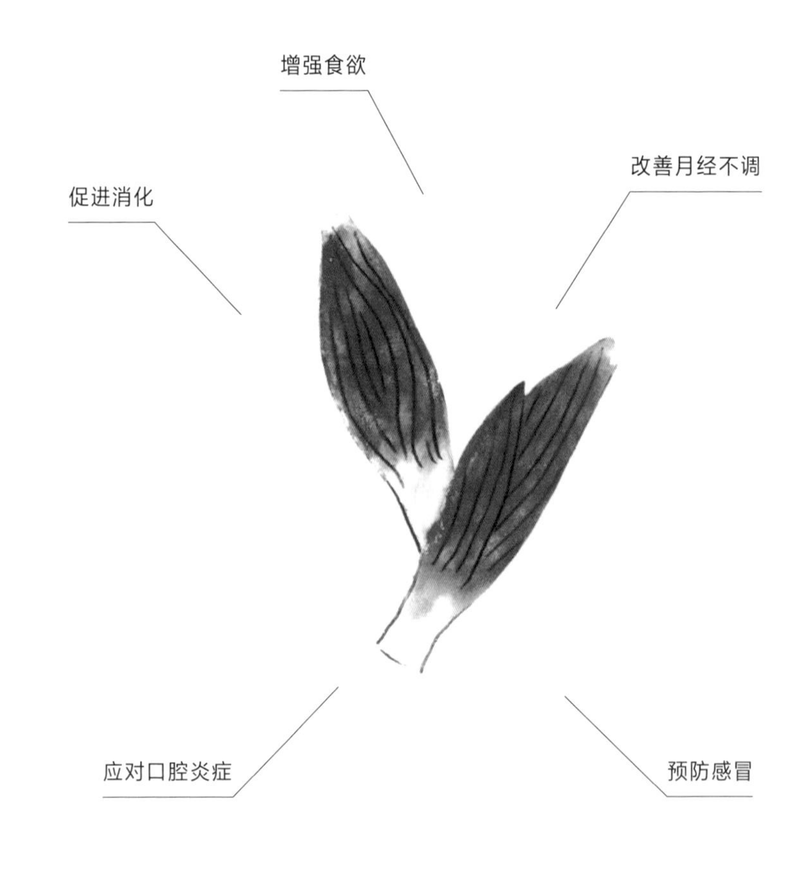

夏

茗荷

作为性温食材，可以和性寒食物一起食用

茗荷可温暖身体、促进排汗，有利于气血运行。它还有增强食欲、促进消化的功效。

茗荷还可用于改善月经不调。

在食用生鱼片、挂面等凉性食材时，将茗荷作为佐料加入其中，可抑制身体过寒。

茗荷还具有解毒作用，适宜有口腔炎症的人群食用。

用甜醋腌制茗荷，或用茗荷搭配番茄、淋上中式调味料做成沙拉。还可以在日式冷涮肉中加入大块茗荷。茗荷作为佐料，在烹饪时可少许甚至大量使用。

食谱
P213

peach

主要功效

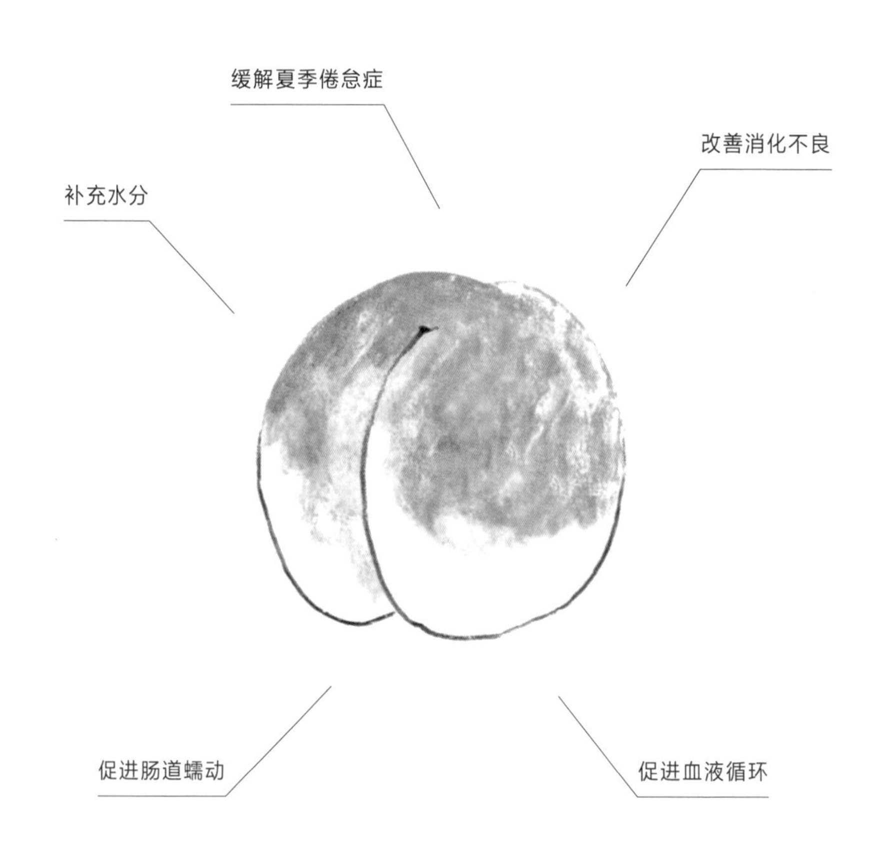

夏

水蜜桃

缓解夏季倦怠症和补充水分的推荐食材

水蜜桃是夏季水果中为数不多的性温食材。

水蜜桃具有健脾养胃、不断给身体补水补气的功效，因此适合体寒、肠胃虚弱的人补充水分和缓解夏季倦怠症。

另外，水蜜桃还有润肠的功效，可用于改善便秘。此外，它还可以促进血液循环。

桃核和桃叶都可用作中草药。桃核用于改善月经不调、痛经等症状，桃叶可改善痱子等皮肤病。

把水蜜桃和绿辣椒拌在一起，淋上橄榄油，加食盐和胡椒，就可做成冷意大利面酱。还可以搭配切薄片的白鱼，淋上加入蛋黄酱、橄榄油、柠檬汁的混合调味料。水蜜桃与腌渍（将生鱼片、生肉等加入由醋、盐、色拉油、红酒等混合而成的调味汁进行腌制的料理）等前菜搭配也很合适。

sardine

主要功效

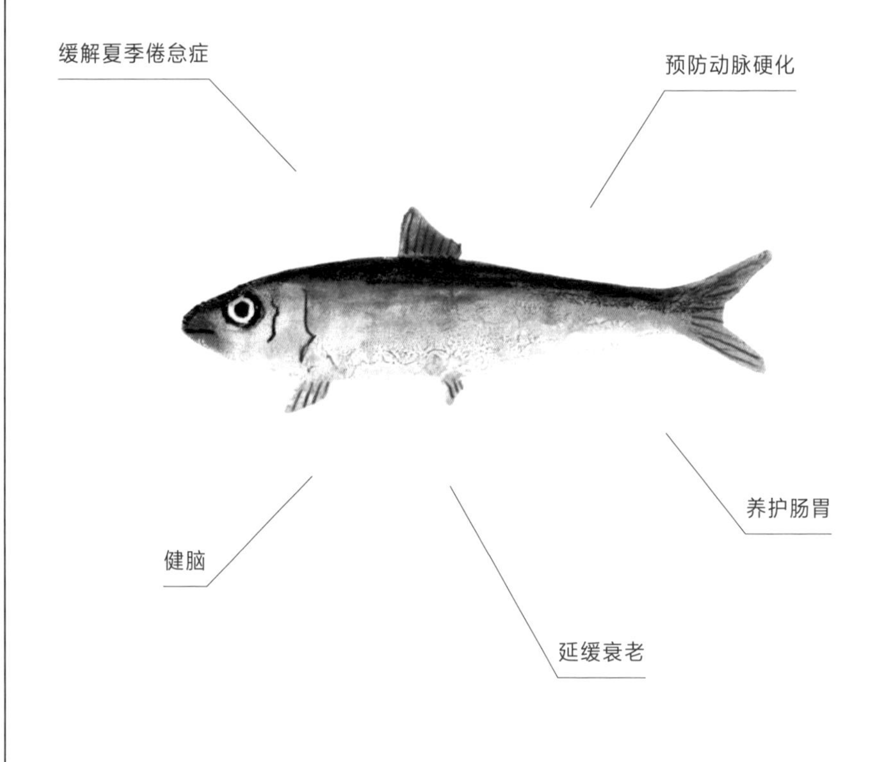

夏

沙丁鱼

缓解夏季倦怠症产生的食欲缺乏

沙丁鱼具有健脾、养气血、促进血液循环的功效，因此可缓解夏季倦怠症和改善食欲缺乏。

沙丁鱼油脂里含有的 EPA 和 DHA 具有调整血脂平衡、预防动脉硬化、激活大脑的作用。

食用油浸沙丁鱼、小沙丁鱼或小沙丁鱼干，就可以把沙丁鱼顺利地加入日常饮食中。把沙丁鱼配上油煎青辣椒、切薄片的水煮莲藕，淋上添加孜然、酱油的调味料就可享用这道美味。沙丁鱼、青辣椒和莲藕均有促进血液循环的作用。

adzuki bean

主要功效

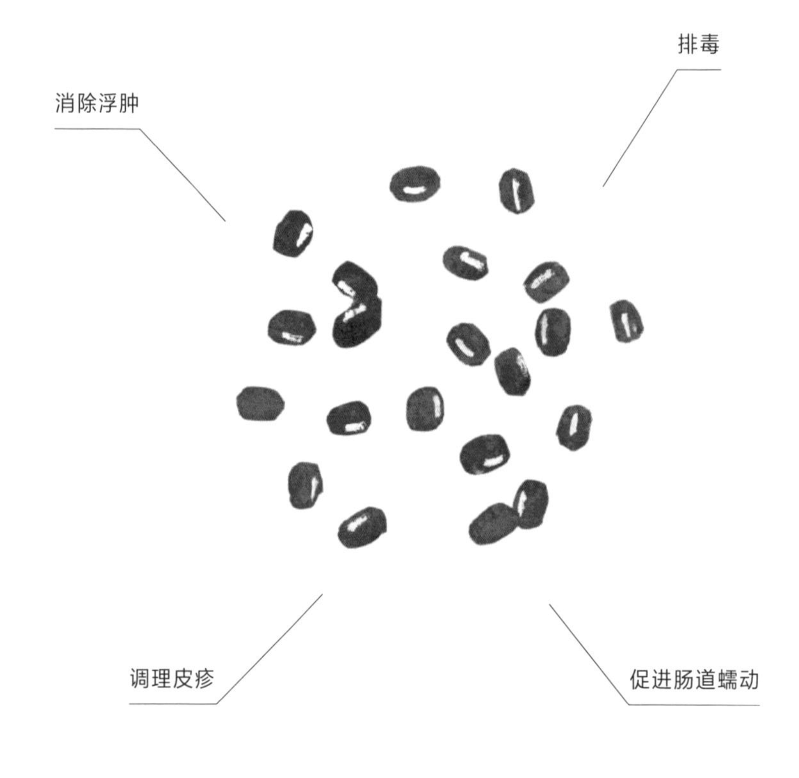

夏

红豆

解毒功效显著，消除浮肿

红豆有利于祛除体内湿热，具有解毒功效，因此身体出现浮肿、皮疹、疖子等的人群宜食用红豆。

红豆中富含改善便秘的膳食纤维和具有利尿作用的钾、皂苷，因此最适合用于排毒。

红豆可以食用，干燥的红豆经过炒制、熬煮而成的红豆茶也具有同等功效。药膳里没有卡路里的概念，关注热量的人可以饮用红豆茶。熬煮的红豆可以做成沙拉。

食谱 P208

octopus

主要功效

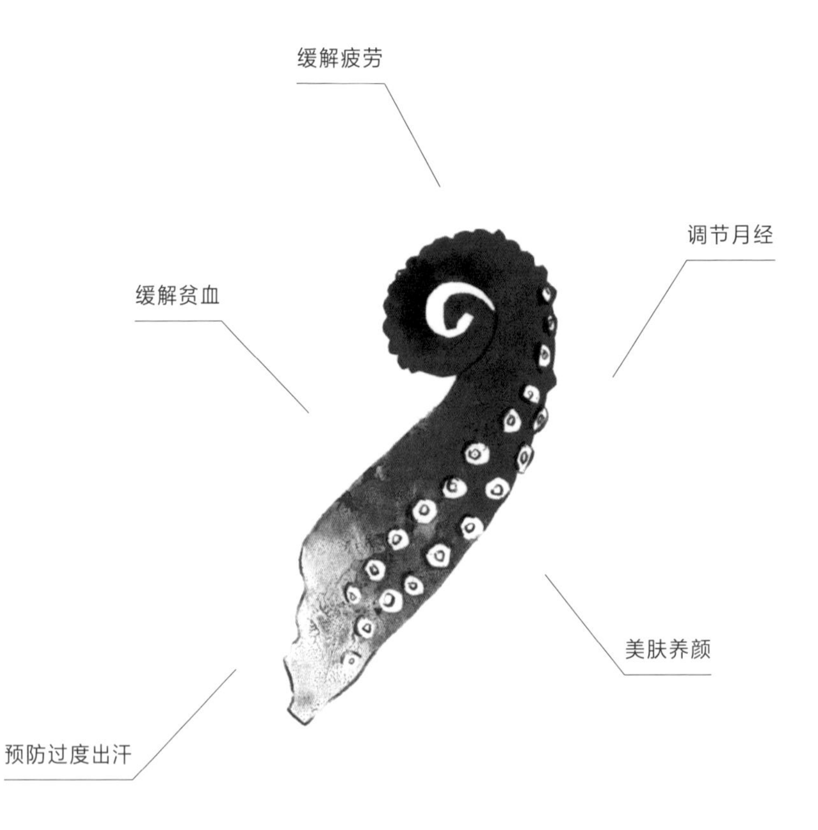

夏

章鱼

消除疲倦，补充体力

章鱼具有补气养血、强健筋骨的功效，因此感到身体疲倦、想补充体力的人群宜食用章鱼。

另外，想要改善贫血、月经不调等症状的女性也可多食用章鱼。

此外，章鱼还可防止身体出汗过多、促进肌肤新陈代谢，因此可以改善夏季易出现的皮肤问题，对口腔炎症也有一定作用。

用章鱼和裙带菜、黄瓜做成的醋拌凉菜味道绝佳，章鱼也适宜与橄榄油、柿子椒、西芹、番茄等一起炖煮，加上孜然、卡宴辣椒粉就很美味。

食谱
P202

夏

wax gourd

冬瓜

主要功效

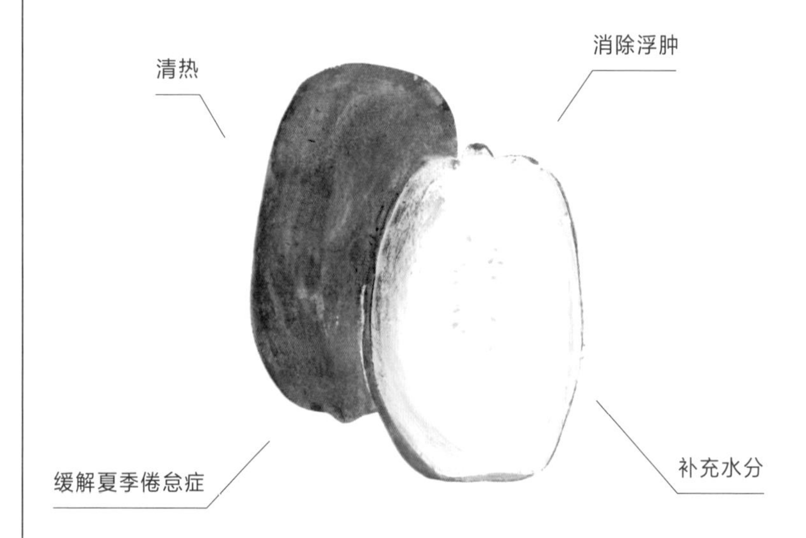

推荐食用效果更好的皮和籽

冬瓜具有很强的清热功效，宜在夏季食用。

冬瓜可以祛除体内多余水分，在消除身体浮肿的同时，还可以滋润身体。

冬瓜皮和冬瓜籽的药效更强，冬瓜皮可利尿，冬瓜籽可用于止咳祛痰。

冬瓜清热效果很强，多与生姜一同食用。把冬瓜放在咖喱饭里也很美味。冬瓜加入八角和香草还可以做成蜜饯。

食谱
P202

cucumber

夏

黄瓜

主要功效

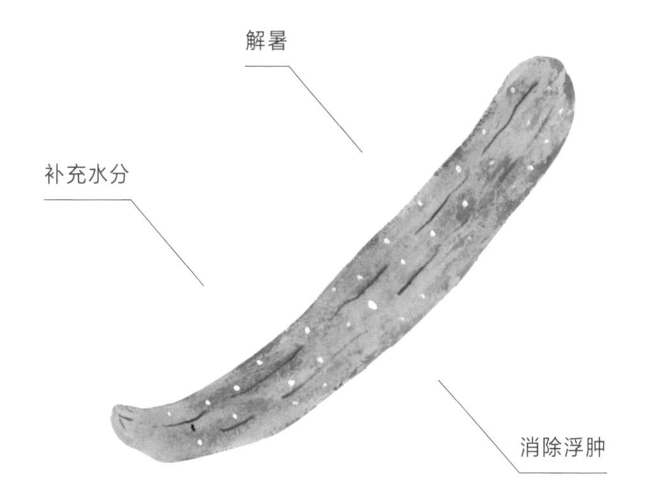

补充水分，解暑

黄瓜可以清热止渴、滋润身体，还可抑制因暑热引发的发热、情绪焦躁。它还有利尿作用，对消除身体浮肿也有一定帮助。

黄瓜加热后食用很美味。用黄瓜、豆腐、玉米一起做中式煲汤也很不错。炒黄瓜时，可各加入半汤匙的生姜、酱油、蚝油、辣油，再淋上两大汤匙的醋来调味。

食谱
P207

夏

perilla

紫苏

主要功效

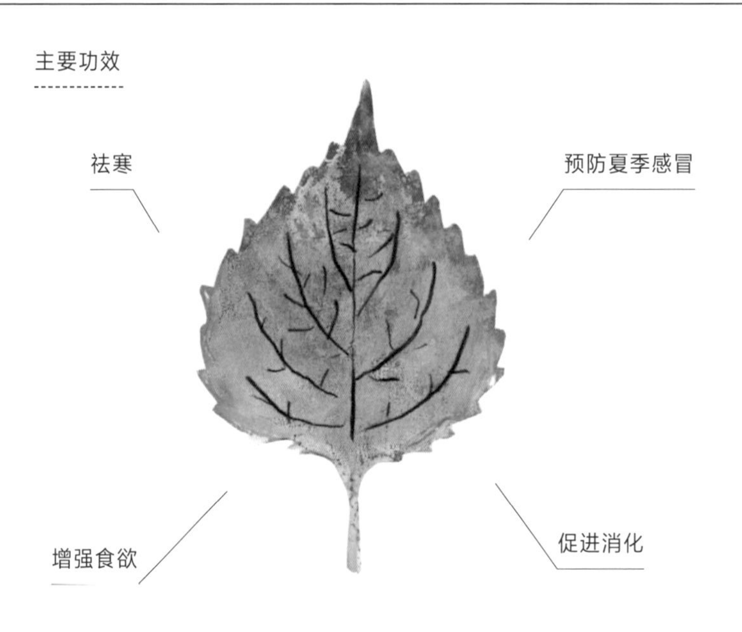

增强食欲，预防食物中毒

紫苏可促进发汗，温暖腹部。紫苏具有健脾、解毒的作用，适宜没有食欲、胃部积食的人群食用，它还可以预防夏季感冒和食物中毒。紫苏具有行气的功效。红紫苏（赤苏）也可以作为中药使用。

在生鱼片、挂面等冷食的食物中添加紫苏，能够预防身体过寒。

还可以把豆角和糯米混合做成沙拉，撒上红紫苏和绿紫苏做成的紫苏粉。

食谱
P213

zucchini

夏

西葫芦

主要功效

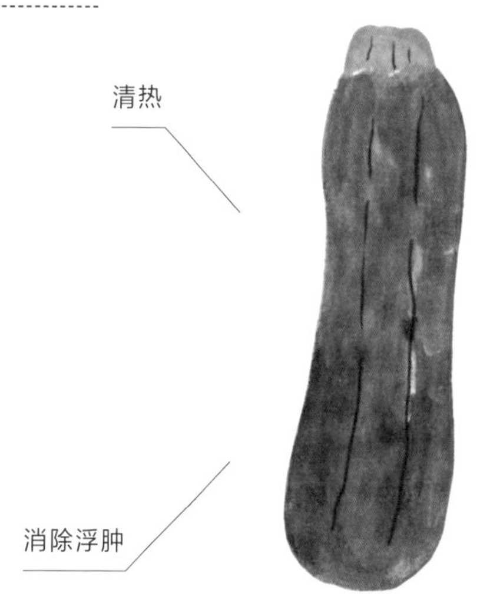

补充水分，消除浮肿

西葫芦可以清热生津。

西葫芦可以止渴、抑制干咳。另外，它还有利尿作用，对改善身体浮肿有一定效果。

酷暑之日，可以将生的西葫芦切成薄片，佐以盐、胡椒、柠檬汁和橄榄油就很美味。如果不想过于清热，可以将西葫芦炒熟后食用。将西葫芦和切成薄片的猪肉、梅干一同做成日式煲汤也是不错的选择。

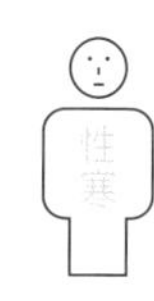

夏

beef

牛肉

主要功效

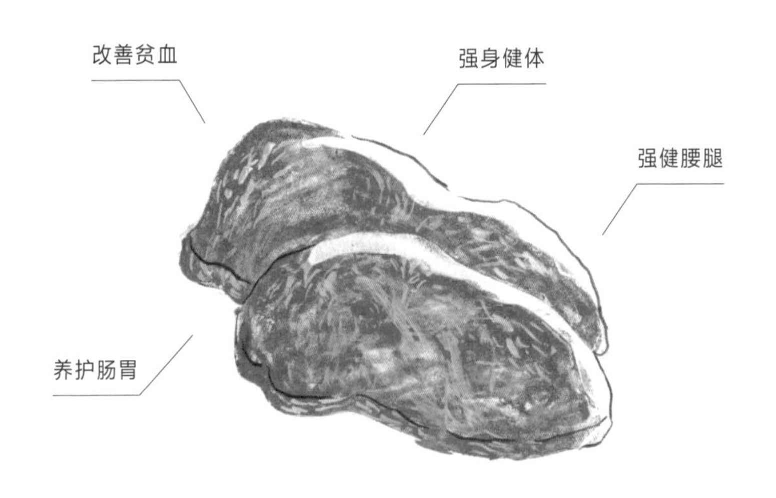

增强体力、强身健体的最佳食材

牛肉具有健脾胃、益气血的功效，因此可用于改善贫血、强身健体。

牛肉具有增强骨骼和肌肉力量、强健腰腿的作用，因此可以增强体力。

牛肉的滋补功效很强，因此根据中国平衡膳食的原则，牛肉常与白萝卜搭配。除了白萝卜，牛肉还可以和许多蔬菜搭配食用。

夏季吃涮牛肉时，配上快速焯水的莫洛海芽（长蒴黄麻），淋上芥末酱油，美味无比。

食谱
P211

pineapple

夏

菠萝

主要功效

清热

菠萝是南方水果，性平，可以预防身体过寒，清热止渴。菠萝能够补气，镇定因暑热导致的焦躁情绪，因此有助于缓解夏季倦怠症。另外，菠萝可以促进消化，预防、改善痢疾和便秘。饮酒后第二天宿醉时也可食用菠萝。

把菠萝、生姜、八角、卡宴辣椒粉、白葡萄酒混在一起做成蜜饯是不错的选择。把菠萝加入香草冰激凌中，可以避免身体过寒。将其加到油煎猪肉里也是不错的选择。

食谱
P205

autumn

人们在秋季会感到因夏季出汗而导致的水分和气血不足。秋季，空气逐渐干燥，主管呼吸的肺容易受损。

秋季饮食的要点首先是滋润。推荐食用秋梨、柿子、葡萄等应季水果。

另外，很多白色食物具有润肺的功效。

随着深秋的到来，为抵御寒冬，身体需要补气。大米、薯类、蘑菇等秋季时鲜中富含补气的物质。

秋季饮食

chinese yam

主要功效

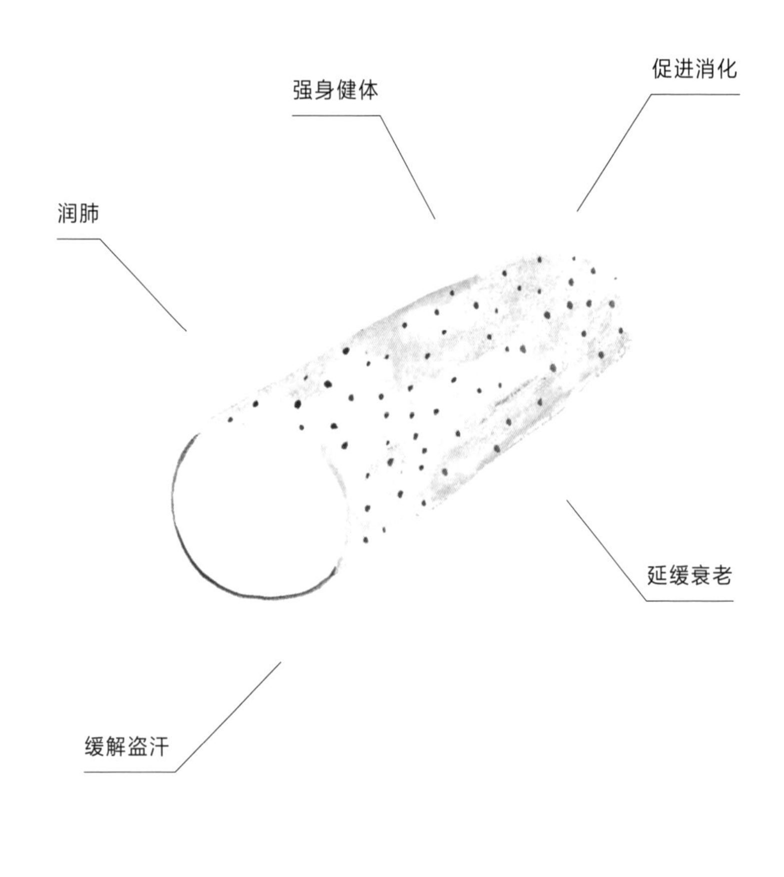

山药

增强体力，养护肠胃

作为补气佳品，山药自古以来被视为强身健体的中药。

山药具有润肺、健脾、固肾的功效，可缓解慢性咳嗽，改善消化不良和痢疾，对增强体力、延缓衰老也很有效。

山药的黏液是一种膳食纤维，具有保护肠胃黏膜、抑制餐后血糖急速上升和减弱胆固醇吸收的作用。

可将山药去皮，切圆片，和迷迭香一起油煎，最后用焦酱油调味。山药配上鸡肉，用黑醋红烧也是一道美味。把鳕鱼淋上酒，用微波炉加热后分块，把山药煮好，压成泥，两者拌在一起，撒上芝士烤一下，简便的鳕鱼山药焗饭就做好了。

食谱
P225

welsh onion

主要功效

预防感冒

缓解因受寒导致的腹痛

驱寒

缓解鼻塞

缓解咽喉肿胀

秋

大葱

促使发汗，预防感冒

大葱的辣味具有促进气血运行、暖身的作用。

大葱有促进发汗的功效，因此在感冒初期可清热、缓解身体发冷。

另外，大葱还可镇定因受寒导致的腹痛、鼻塞、咽喉炎症等症状。此外，大葱还有排毒、促进胃肠蠕动等诸多益处。

大葱配上桂皮、海带，加水煮，水中加酒，大葱变软后，加入甜醋，淋上芝麻油和少许酱油，可做成腌渍大葱。

取大葱绿色部分，斜切成薄片，与猪肉末翻炒，加入适量姜末，淋上芝麻油快炒即是一道美味。还可以加水、花椒、蚝油和酱油调味，淀粉加水勾芡，做成适合感冒初期食用的煲汤。

食谱
P218

lotus root

主要功效

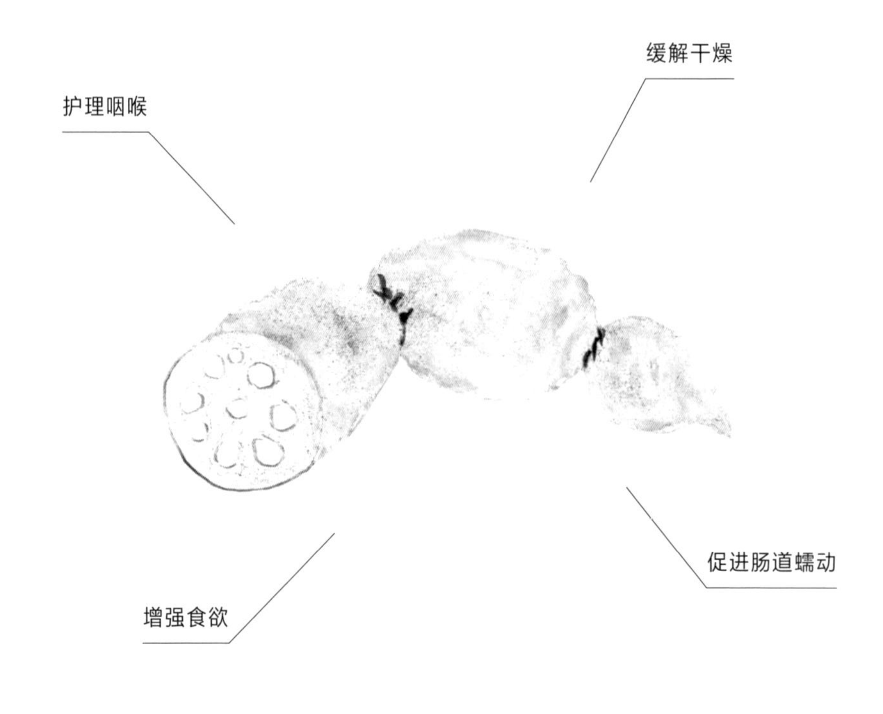

秋

莲藕

滋润身体，润燥止咳

生莲藕具有清热、滋润身体的功效。连皮弄碎榨好的莲藕汁可以缓解干燥、镇定止咳。

此外，莲藕还有祛除血热、促进血液循环、止血的功效。

烹饪后，莲藕具有健脾、强身健体的作用，推荐在没有食欲、痢疾时食用。

为享受莲藕丰富的口感，建议把莲藕焖烤至烧焦的程度。

食谱
P219

turnip

主要功效

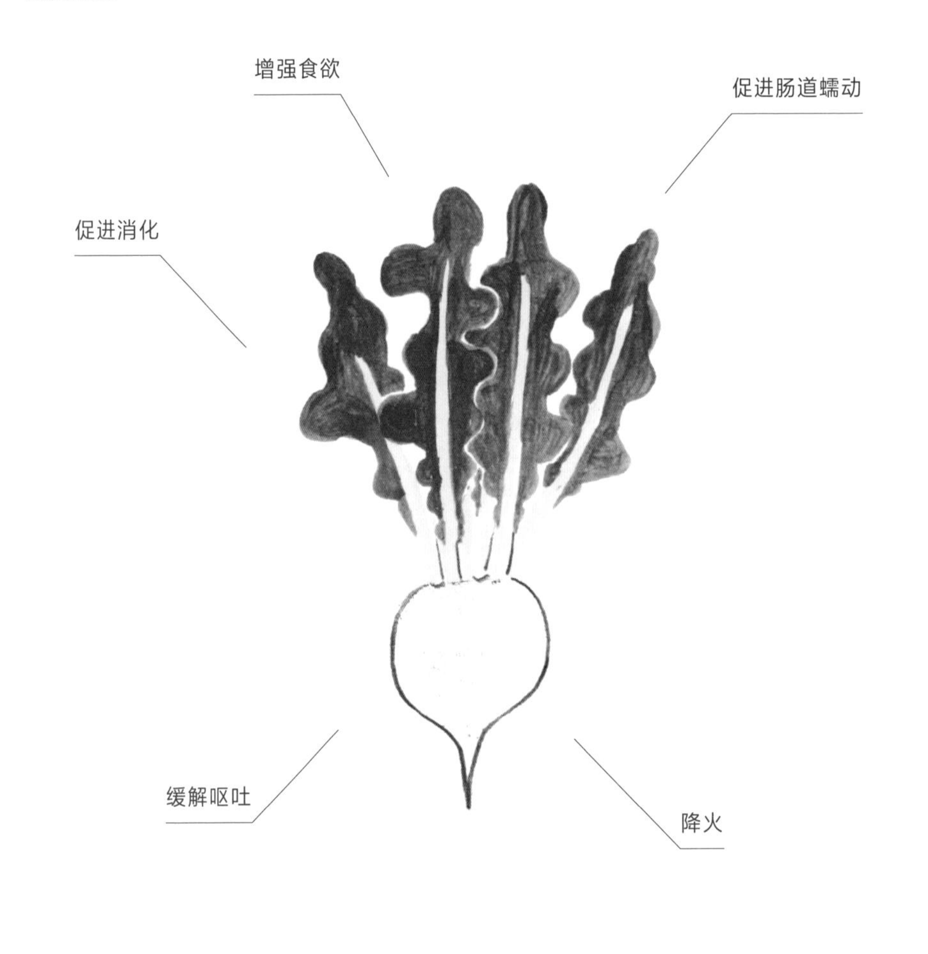

秋

芜菁

缓解肠胃不适

芜菁具有暖胃健脾的功效，因此可改善食欲缺乏、消化不良、腹胀、便秘等肠胃不适症状。

另外，芜菁可以滋润身体，把上行的气降下来（降气）。有上火、发热，皮肤出现带热证的皮疹和疖子，呕吐咳嗽等症状的人群宜食用芜菁。

芜菁中含有淀粉酶（分解淀粉的酶），从营养学角度来看，它具有促进消化的作用。

为激活酵母的活力，推荐把芜菁做成沙拉生食。芜菁与金橘很搭配。用大火快速烤下它的表皮后食用也很美味。

食谱
P218

carrot

主要功效

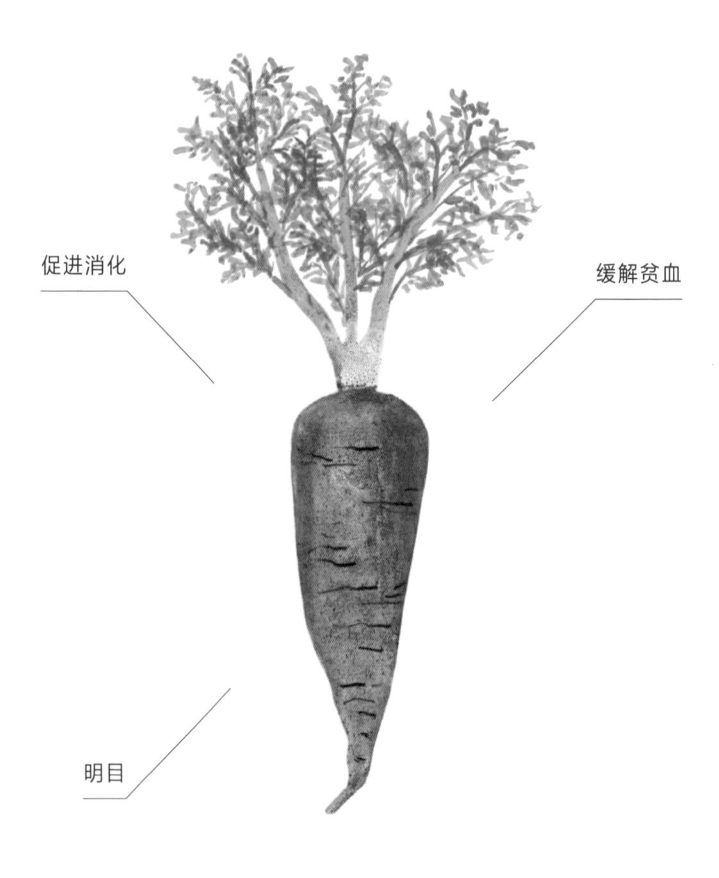

秋

胡萝卜

缓解眼睛疲劳和肠胃不适

胡萝卜具有健脾和胃、促进消化，改善腹胀、便秘的功效。

另外，胡萝卜具有养血益肝的作用，可防止眼睛干燥和视力下降。感到眼睛疲劳的人群，不妨有意识地吃点胡萝卜。

此外，胡萝卜还有滋润身体的作用。

胡萝卜含有丰富的 β-胡萝卜素，可提升免疫力和延缓衰老。

把胡萝卜切成不规则形状，撒上盐、咖喱粉，淋上橄榄油，放入烤箱烘烤。或者快炒胡萝卜，再加入孜然、番茄酱、味噌和少许水来焖烧，一道美味出炉。

mushroom

主要功效

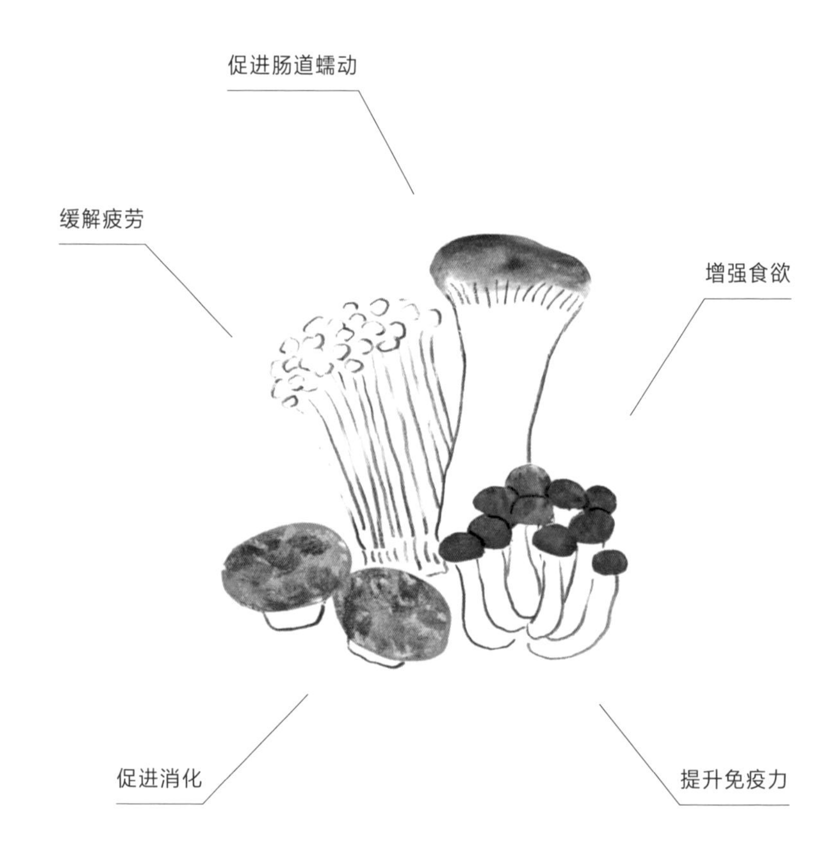

蘑菇

改善便秘，提高免疫力

很多蘑菇都有补气益胃的功效，因此可改善食欲缺乏和消化不良。另外，蘑菇富含膳食纤维，适宜便秘人群食用。蘑菇中含有一种被称为 β－葡聚糖的膳食纤维，可维持人体抗癌机制和免疫系统正常工作。

蘑菇具有维持免疫系统正常运转的作用，其中舞茸（灰树花）的作用尤为突出。

蘑菇多用于炖煮和炒菜，还可用烤肉架和烧烤网烤着吃，或把蘑菇切成方便食用的大小，加到沙拉里也是不错的选择。用微波炉加热蘑菇，然后将其浸在腌渍汁中，做成泡菜也很好。

食谱
P215

spinach

主要功效

改善贫血

促进肠道蠕动

缓解肌肤干燥

秋

菠菜

缓解贫血和肌肤干燥

菠菜的营养学价值广为人知，在药膳中，菠菜也具有养血润体的作用，适宜贫血人群食用。

另外，菠菜还可以祛热、润肠通便。

菠菜富含维生素和矿物质，它的营养价值在蔬菜中也属上品。

值得一提的是，菠菜中的 β－胡萝卜素、维生素 C 和铁含量丰富，对预防感冒和贫血具有显著效果。

菠菜常与白芝麻、豆腐凉拌，或和豆腐一道加入味噌汤中，但有可能引发结石，因此这样搭配并不科学。

食谱
P217

pear

主要功效

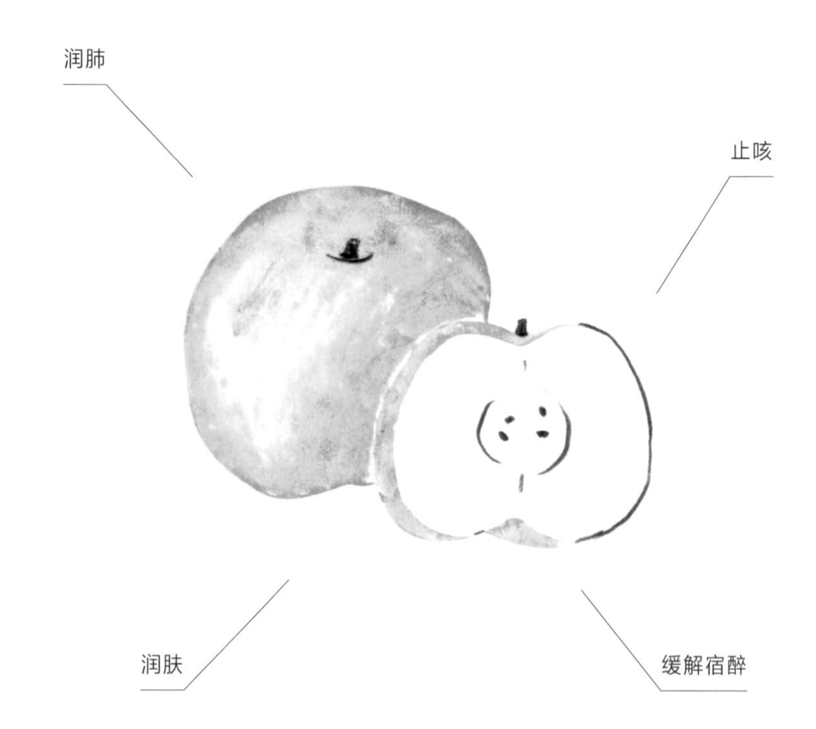

秋

梨

润肺作用突出

梨具有较强的滋润功效，适合秋季食用。梨能清热润肺，缓解口渴和咽喉疼痛。另外，梨还可以镇咳止痰。

在中国，把梨汁和冰糖、蜂蜜一起熬煮做成的冰糖炖梨用于给儿童止咳。

梨还有润肤功效，对于改善宿醉也有一定效果。

梨不仅能够直接生食，还可与豆腐和白芝麻一起凉拌，配上生火腿或芝麻菜也很不错。

作为秋季药膳中的甜点，可在去除梨核的位置放置润肺的中药一起蒸。

用梨和酸奶可以做成美味的克拉芙缇*。梨和酸奶是绝配，可将这两种食材放入搅拌机搅拌，再用明胶使其凝固。

性寒

食谱 P221

* 一种传统的法式点心。——编者注

squid

主要功效

秋

乌贼

用于月经不调等妇科疾病

乌贼具有滋润身体、养血的功效，因此适宜贫血人群食用。

另外，乌贼可改善月经不调等妇科疾病的症状。

乌贼富含牛磺酸，可抑制胆固醇上升。但是，牛磺酸对热敏感，请注意不要过度加热。

对于不擅长做饭的人来说，不妨使用鱿鱼（枪乌贼），因为即使过度加热，鱿鱼的肉质也不易变硬。

食谱
P223

cheese / yoghurt

主要功效

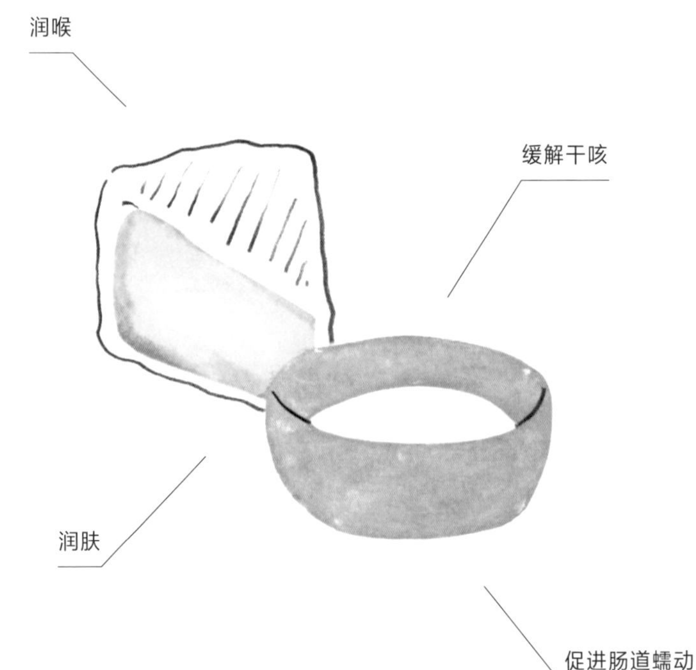

奶酪·酸奶

滋润身体

用牛奶制成的乳制品具有滋润身体的功效。

乳制品润肺滋肠，提升肺和肠道功能，可以缓解口渴、改善肌肤干燥和便秘。

另外，乳制品富含钙，能有效预防骨质疏松，还可以缓解情绪焦躁。

将酸奶沥干水分，易于烹饪。酸奶控干水分后，加入白味噌，放在用咖喱粉和橄榄油调味的三文鱼上面，再放进烤箱烘烤，即成一道美味。烤茄子用蒜泥、柠檬汁、盐、橄榄油进行调味，加入沥干水分的酸奶，一道中东风味的茄子沙拉就出炉了。

食谱
P225

秋

taro

芋头

主要功效

增强食欲

排毒

促进肠道蠕动

改善疖子

促进消化，排毒

芋头具有补益脾胃的功效，因此适宜食欲缺乏人群食用。

另外，芋头还具有排毒作用，可缓解皮肤炎症，消除疖子。芋头还有促进痰液排出的功效，对便秘也有一定效果。

芋头焯水后，加入番茄酱、橄榄油、刺山柑进行炖煮。倘若做成日式风味，可加入培根，熏制品的香气就是这道菜的独到之处。

食谱
P217

daikon radish

秋

主要功效

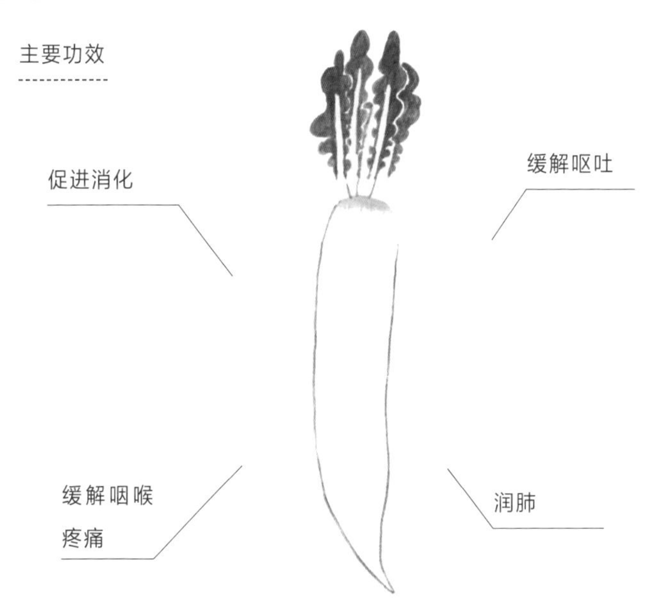

促进消化

白萝卜行气，提升胃动力，促进消化，缓解腹胀。另外，白萝卜还具有祛热、润肺的功效，因此可缓解咽喉疼痛、止咳祛痰。

把白萝卜切成便于食用的大小，加入橄榄油和盐，放进烤箱用高温烤制，十分美味。

把白萝卜切成薄片、撒盐，白萝卜发蔫后，用厨房纸去除水分，再用柠檬汁、橄榄油、椒盐进行调味，最后加入罗勒，也是一道美味。

食谱
P215

秋

egg

鸡蛋

主要功效

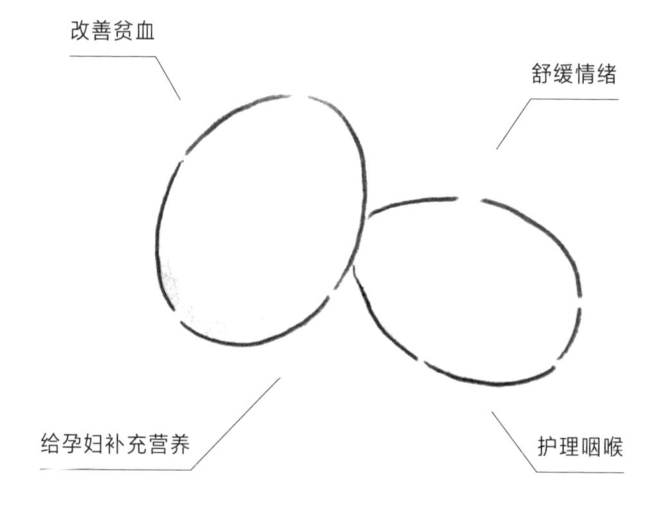

改善贫血和失眠

鸡蛋养血补心，滋润身体，可改善贫血和失眠，稳定情绪。鸡蛋可为孕妇提供优质的营养，具有安胎的功效。

蛋白具有祛热、滋润身体的作用，因此可缓解咽喉疼痛、止咳等。

倘若嫌烹饪麻烦，从市场上买一个温泉蛋并放到饭上即可。

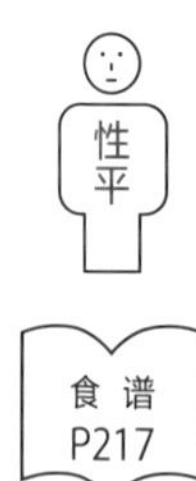

persimmon

秋

主要功效

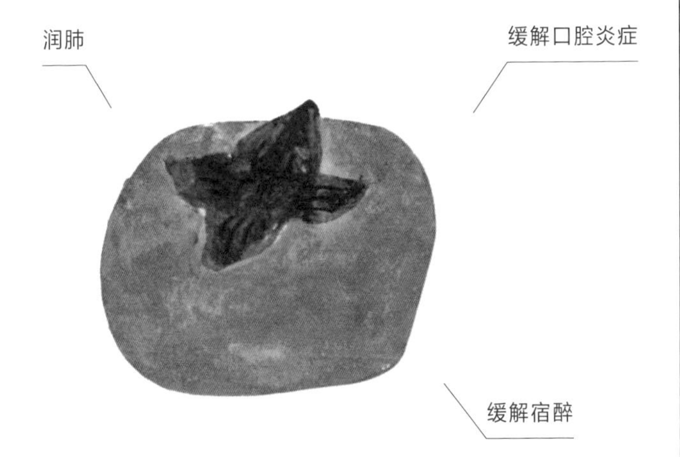

清热滋润

柿子具有较强的清热作用，能够润肺，缓解口渴，改善干咳和口腔炎等症状，对宿醉也有一定帮助。需要注意的是，过多食用柿子则会肚子受凉，导致痢疾和腹痛。

熟柿子搅拌成泥，配上姜末，淋上柠檬汁做成酱汁，可加在油煎猪肉上。柿子和白芝麻、豆腐一起凉拌，或淋上芝麻酱做成前菜，或做成沙拉也很不错。

秋

pork

猪肉

主要功效

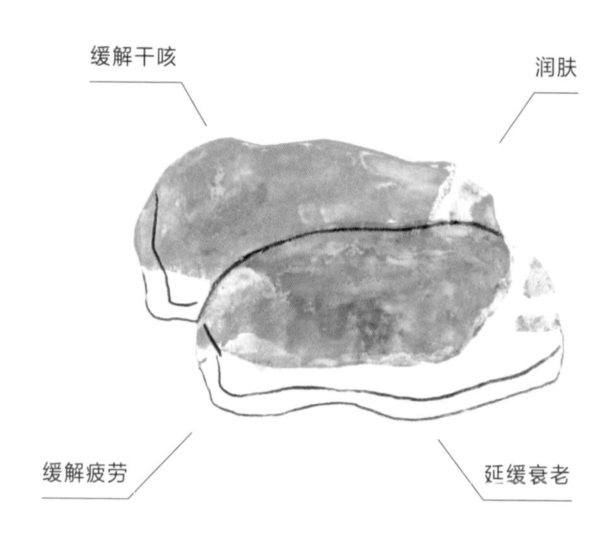

缓解干燥，延缓衰老

猪肉具有滋润身体、防止干燥的功效。出现干咳、皮肤干燥、便秘等症状的人群可注意吃些猪肉。另外，猪肉具有补气血、补肾气的功效，因此可用于强身健体和延缓衰老。

将山药剁碎，用猪肉包裹，撒上椒盐进行烤制。或撒上七味粉（由辣椒、花椒、芝麻、青海苔等七味食材配制而成），美味可口。用涮好的猪肉片做成热沙拉，用瘦猪肉末配上油炸豆腐块、烤豆腐也是鲜香无比。

食谱
P221

salmon

秋

三文鱼

主要功效

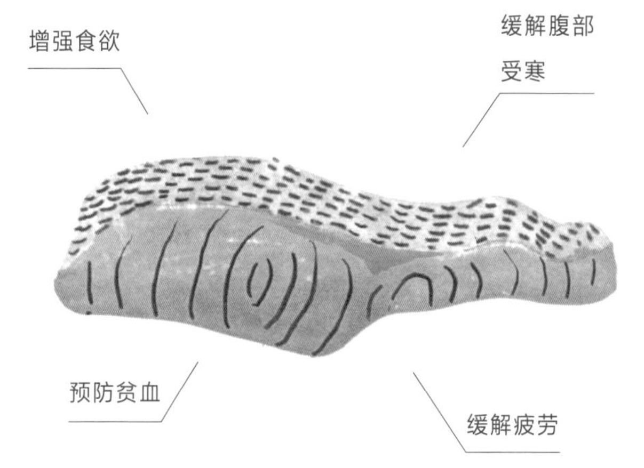

补气养血的万能鱼

食谱 P218

三文鱼具有温中、健脾胃的功效。

三文鱼补气养血，适宜食欲缺乏或出现胃部积食、畏寒、贫血等症状的人群食用。

三文鱼是较为方便食用的鱼之一。用烟熏三文鱼、山药、萝卜苗做成的醋拌凉菜美味无比。

将三文鱼和裙带菜、豆腐、香葱、蘑菇用锡纸包裹烤制，蘸上柚子醋就是一道美食。用锡纸包裹进行烹调时，裙带菜和豆腐是绝配。不妨动手一试。

winter

冬季饮食的要点是暖身、补气血、预防免疫力低下。

身体一旦受寒，生命力的储藏库——肾脏就会受到影响，使人变得容易疲惫，加速衰老，因此不妨吃一些补肾的食物。黑芝麻、黑木耳、羊栖菜等黑色食材可以补肾。

另外，桂皮、孜然、胡椒、花椒等香料和生姜、大葱、辣椒等带辣味的食材可以行气驱寒，促进血液循环，让身体暖和起来。

冬季饮食

shrimp

主要功效

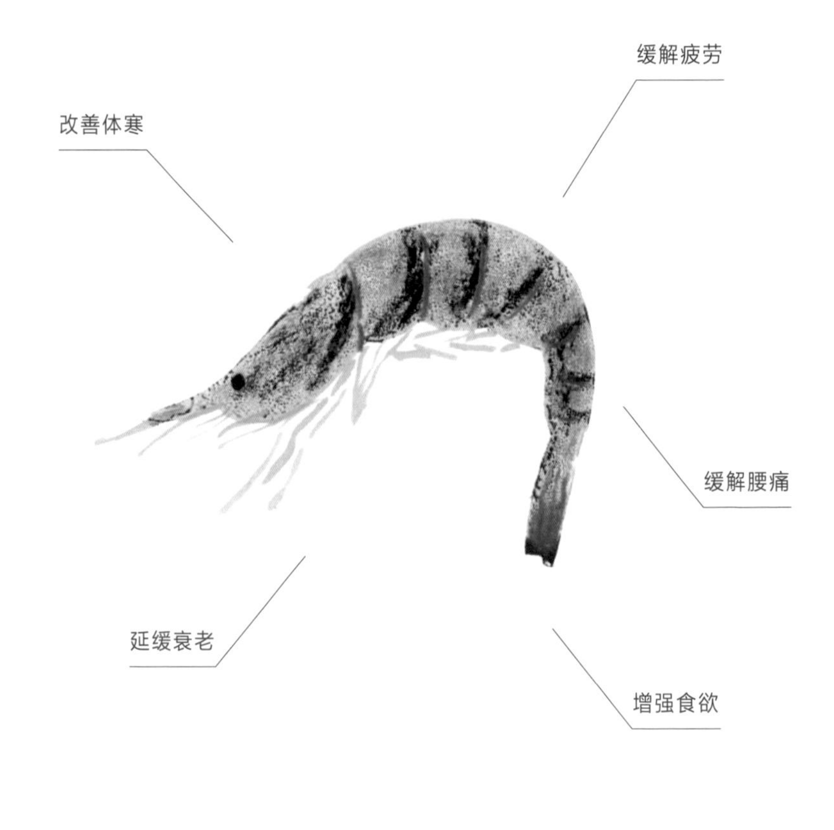

冬

虾

驱寒暖身，延缓衰老

虾是海产品中为数不多的温性食材，适合寒冷季节和体寒人群食用。

虾具有增强体力、滋补肾脏的功效，因此适宜体寒，有腰痛、衰老等问题的人群食用。虾还具有补气催乳的作用。

虾的红色素属于虾青素，具有较强的抗氧化作用，还有预防动脉硬化、保护身体免受紫外线侵害等多重功效。

甘蓝切成较宽的丝，和虾清炒，用咖喱粉调味，就是一道美食。推荐将虾和同等温性的食材芜菁一起用黄油煎。去虾线时，用刀在虾背部划个口子，就可以轻松挑出虾线。虾与蔬菜一起烹饪时，菜量也会显得比较多。

食谱
P235

oyster

主要功效

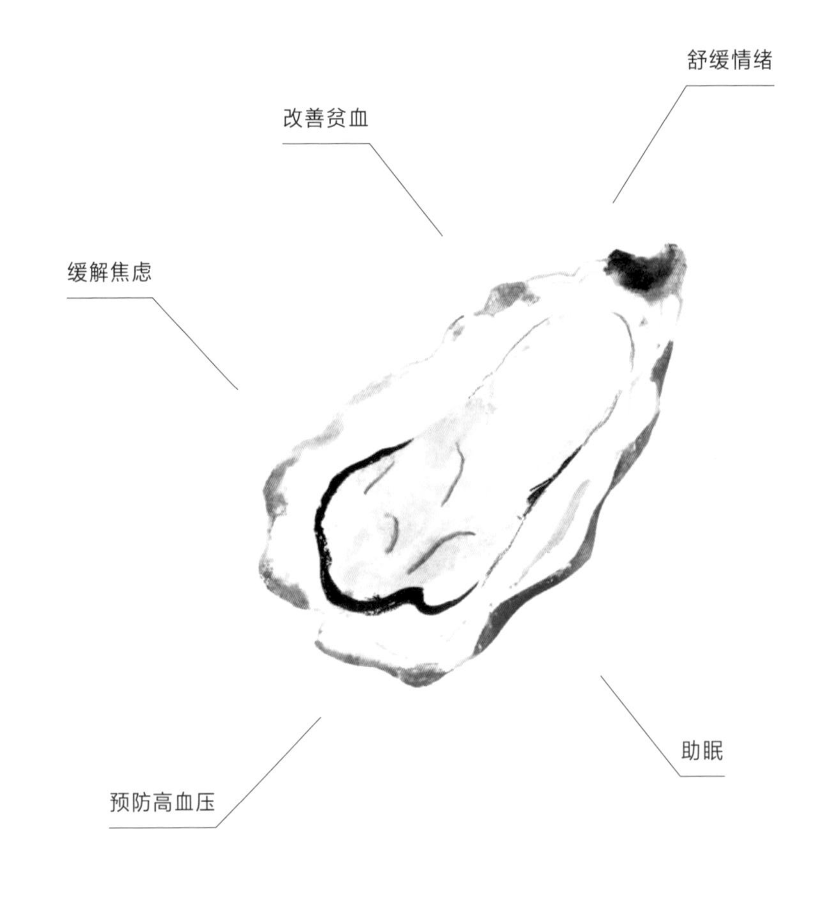

冬

牡蛎

缓解失眠和慢性疲劳

牡蛎具有滋润身体、养血的功效。

此外，牡蛎还可稳定情绪、改善焦虑不安和高血压，对改善失眠也有一定作用。更年期上火、头晕人群宜食用牡蛎。牡蛎还能提升肝脏功能。

牡蛎营养价值高，特别是富含微量元素锌元素，而锌元素对改善味觉异常有一定帮助。

另外，牡蛎富含铁、牛磺酸、糖原，是缓解疲劳的推荐食材。

在牡蛎表面抹上薄薄一层面粉，将柚子皮切细丝（量多一些），将两者一起用黄油翻炒，美味出炉。

食谱
P232

walnut

主要功效

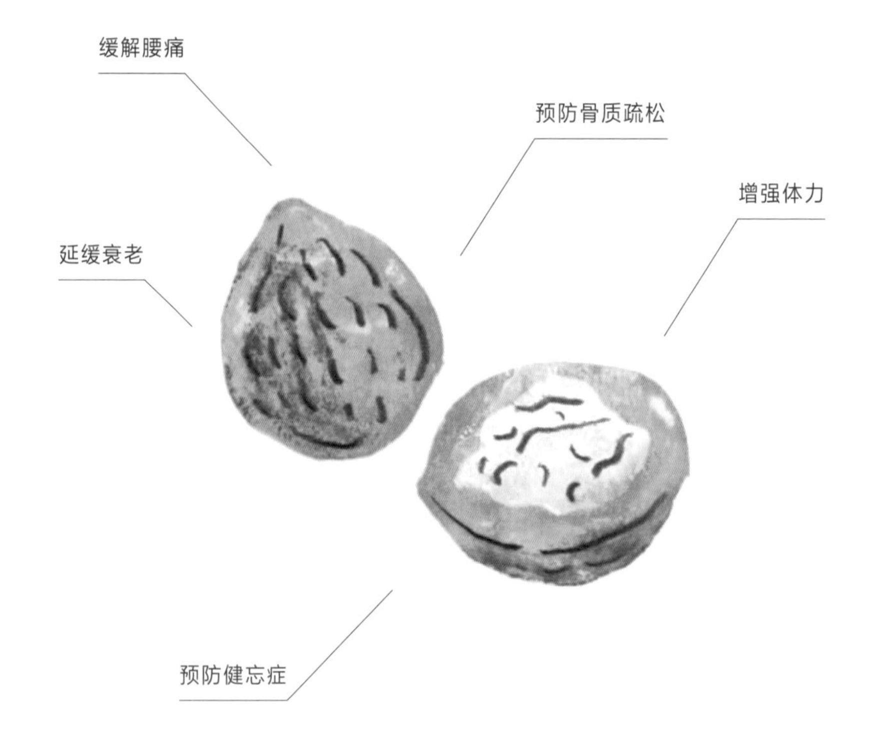

冬

核桃

暖身驱寒，延缓衰老

核桃补肾气。肾与骨骼健康等密切相关。食用核桃可预防腰痛和骨质疏松症，在强身健体、增强体力、延缓衰老等方面多有裨益。

核桃对预防健忘症也有一定功效。

另外，核桃能够暖肺润肺，提高肺的功能，因此可防止呼吸器官和肌肤干燥，镇定慢性咳嗽。核桃还能润肠通便，改善便秘。

推荐把茼蒿快速焯水后，配核桃碎，再加入酱汁（砂糖、酱油和日式高汤）。食用蒸甘蓝或水煮鸡肉时都可蘸上核桃酱汁（核桃、砂糖、味噌和用高汤、酱油等做成的调味料等一同放入搅拌机搅碎而成）。

食谱 P237

chinese cabbage

主要功效

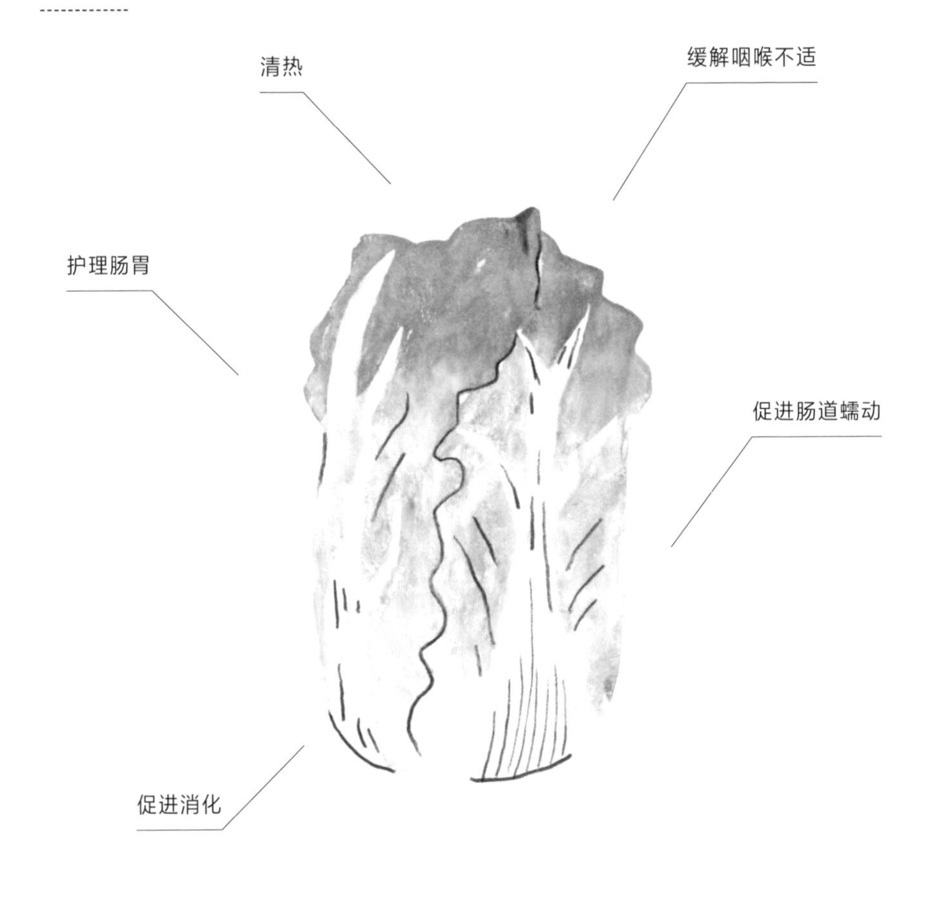

白菜

促进肠道蠕动，滋润身体

白菜性平，既具有温性也具有凉性，有祛热、滋润身体的功效。

因感冒导致发热或暴食导致胃部积热时，食用白菜可以促进肠道蠕动，改善消化不良和便秘。

白菜还有祛湿的作用，对消除浮肿效果明显。白菜对缓解宿醉症状也有帮助。

年末年初暴饮暴食后，食用白菜可以让身体焕发生机。拌沙拉时，可以用生白菜配上苹果，淋上由甜辣酱和醋混合而成的调味汁，或者用柚子胡椒或生姜的调味汁。冬天吃生蔬菜沙拉时，可以添加一些暖胃食材。为了不让白菜叶子显得凌乱，不要一层层剥开，而是要纵向切开，将白菜叶放在带锅盖的平底锅里慢慢蒸制就是一道美食。

食谱
P231

burdock

主要功效

缓解疖子、
皮疹

促进肠道蠕动

缓解咽喉肿胀

牛蒡

促进肠道蠕动和排毒的推荐食材

牛蒡富含膳食纤维，具有滑肠通便的功效。

另外，牛蒡具有祛除体内多余的热、发汗利尿、解毒的作用，因此在一定程度上能缓解和改善带热证的疖子、皮疹。

同时，牛蒡可提升肺的机能，因此具有预防感冒、祛痰的作用。

牛蒡还具有补肾、促进脂肪代谢的功效。

可采用金平牛蒡的做法，或把牛蒡斜切成薄片，入锅清炒，用葡萄酒醋调味即可。

食谱
P230

cloud ear mushroom

主要功效

改善月经不调

预防贫血

润肤美颜

缓解非正常出血

黑木耳

冬季食用，缓解干燥

黑木耳可滋润身体，防止肌肤干燥。

黑木耳具有补血、促进血液循环、清除血液中的热、止血凝血的作用。

因此，当出现贫血、月经不调等妇科疾病，流鼻血、非正常出血时，可以适当地食用黑木耳。

推荐黑木耳与鸡蛋清炒，用蚝油调味。可使用干制黑木耳，用水泡发。如果使用新鲜黑木耳，先快速焯水，再搭配芜菁拌成沙拉也很美味。黑木耳和毛豆一起清炒，淋上葡萄酒醋也是一道美食。

食谱
P235

black sesame

主要功效

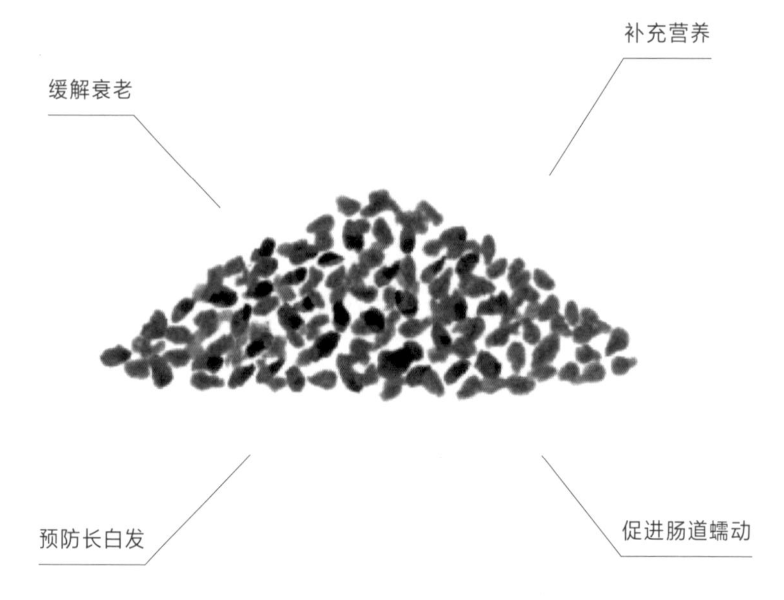

冬

黑芝麻

每天食用，为身体补充能量

白芝麻具有润肤功效，而黑芝麻具有补血功效。

另外，黑芝麻滋补主管气血运行的肝和储备生命力的肾（补肝肾），因此适宜因衰老导致身体热量不足的人群食用。

黑芝麻可改善因衰老导致的视力模糊、腰痛和白发等。

另外，黑芝麻还有润肠通便的功效。

黑芝麻与白芝麻功效不同，因此需要针对身体不舒服的症状区分食用。黑芝麻酱和枫糖浆混合，淋在用豆浆制作的果冻上或酸奶上，就是一道简单的美味。

食谱
P227

apple

主要功效

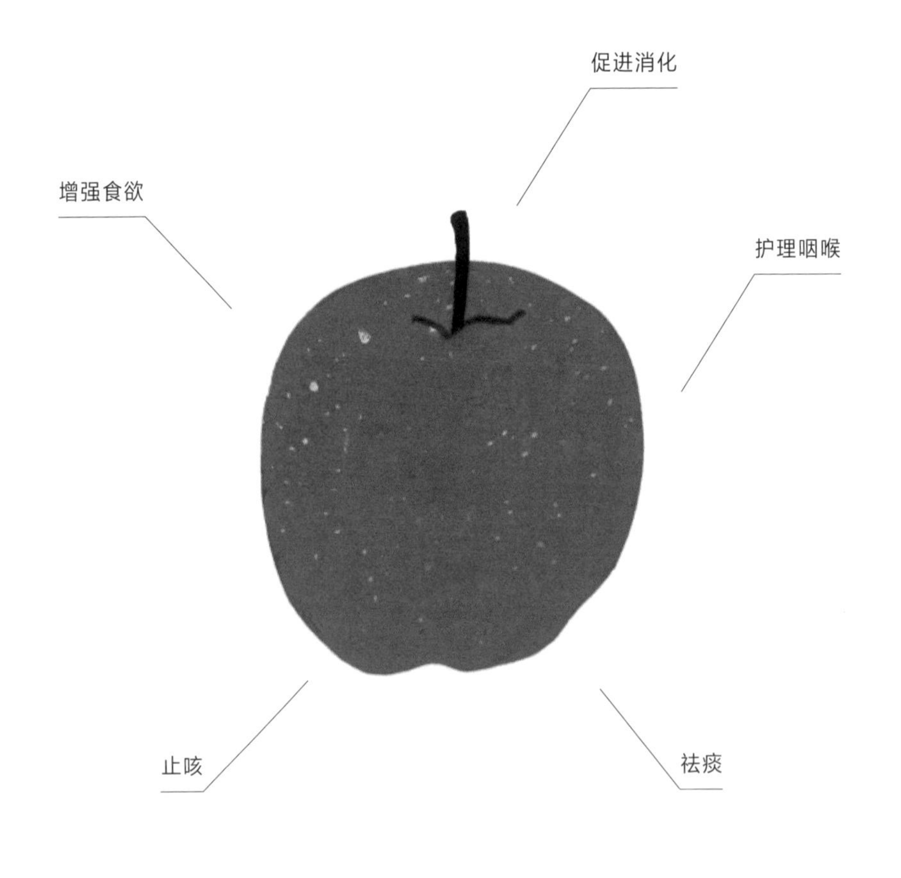

冬

苹果

缓解冬季干燥

苹果具有健脾益胃、促进消化、缓解痢疾的功效。

另外，苹果还有润肺、止咳祛痰、提振食欲的作用。苹果性平，不会让身体过寒，因此体寒的人群可以放心食用。

苹果中含有的膳食纤维果胶，具有调理肠道的突出功效，还有降低胆固醇和甘油三酯的作用。

苹果除了直接食用、做成沙拉之外，还可以用于炖煮和烧烤。烹饪时，可挑选具有适宜酸味的红玉苹果。如果没有红玉苹果，可用柠檬汁、醋、白葡萄酒等补足酸味。苹果配猪排用黑醋焖烧，美味无比。苹果色泽美丽，营养价值高，清洗干净后，可带皮食用。在众多食材中，苹果与猪肉最为搭配。

食谱
P227

chestnut

主要功效

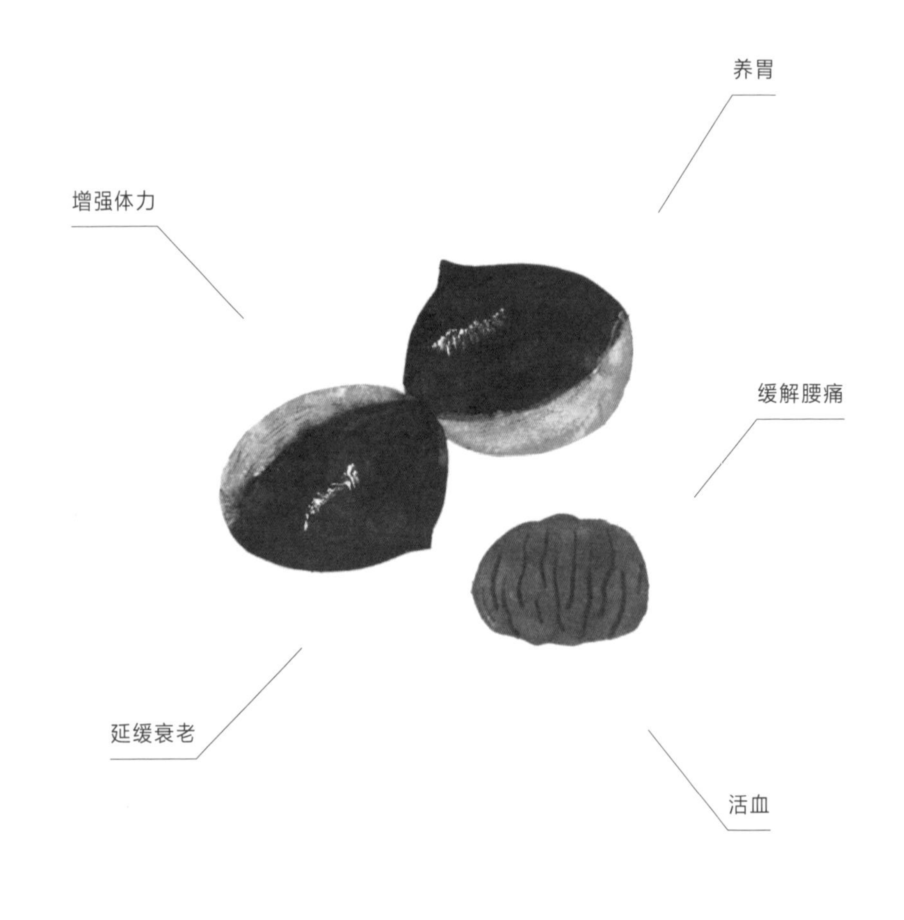

冬

栗子

为补充能量，每天可少量食用

栗子健胃补脾，促进消化吸收。另外，栗子能滋补与生殖功能相关的肾，因此对于补充能量和延缓衰老具有一定作用。

栗子适宜健忘症、腰痛等人群食用。

同时，栗子有促进血液循环、止血的功效。

请注意：过度食用栗子会导致消化不良。

生栗子剥皮后，配鸡肉用黑醋红烧或煲汤均可。

糖炒栗子全年都可以买到，不妨即买即食。去壳的栗子也不错。用糖炒栗子做杂烩饭等菜肴同样美味可口。

食谱
P233

hijiki

主要功效

冬

羊栖菜

美发，缓解因贫血导致的皮肤干燥

羊栖菜具有祛除体内湿热、让硬物软化的功效，因此可消除身体浮肿。

另外，羊栖菜提升肝肾功能，补血行血，因此适宜患贫血、想延缓衰老的人群食用。

羊栖菜还具有生发、美发的功效。

猪肉切丝，与羊栖菜芽清炒成微辣味，或将羊栖菜芽泡发后快速焯水，与紫甘蓝拌成沙拉也是不错的选择。如果用在主菜的料理中，那么使用羊栖菜茎更方便。

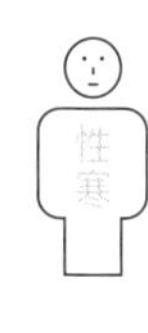

食谱
P231

冬

小松菜

komatsuna

主要功效

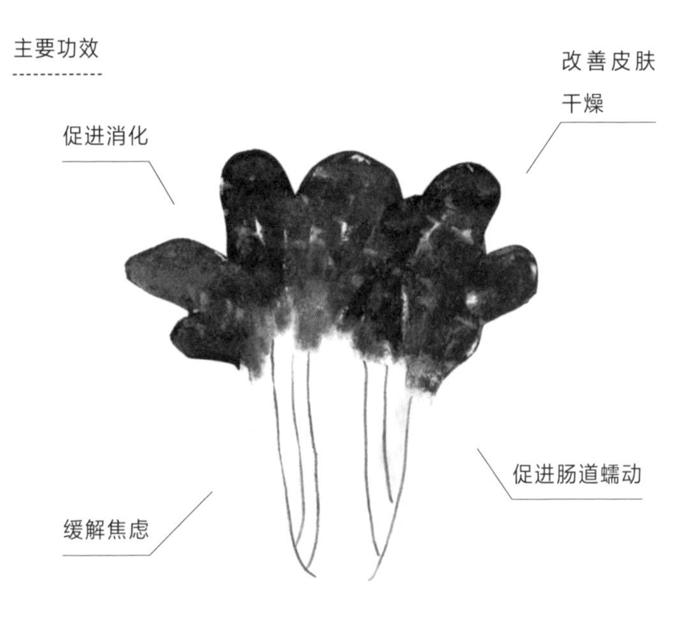

缓解焦虑和便秘

小松菜具有健脾、促进消化的功效。

小松菜可镇定焦虑情绪，平复心情。

另外，小松菜可滋润身体，对发热有一定缓解作用，适宜有热证的皮疹和便秘人群食用。

小松菜可与蛤蜊、大蒜、油炸豆腐块一起清炒，用酱油调味。或者清炒小松菜时，加个半熟的鸡蛋，搅拌食用，方便快捷。

食谱 P235

broccoli

冬

西蓝花

主要功效

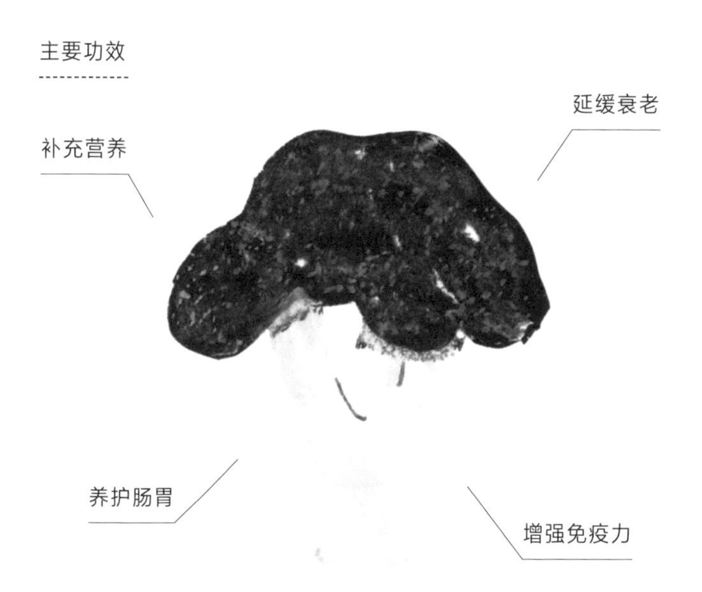

养胃，抗衰老

西蓝花具有调理五脏，特别是健脾养胃、补肾的功效。因此，可有效促进消化吸收，并具有补给营养和延缓衰老的功效。

可以把西蓝花蒸烂，轻轻搅拌，淋上大蒜和橄榄油做成的调味汁，掺点水也无妨。煮西蓝花的汤和蒸西蓝花的汤中都含有营养成分，因此别浪费，可以饮用。建议油煎蓝点马鲛、旗鱼、猪肉时，也配上西蓝花，西蓝花和这些肉类很搭配。

食谱
P230

冬

鳕鱼

cod

主要功效

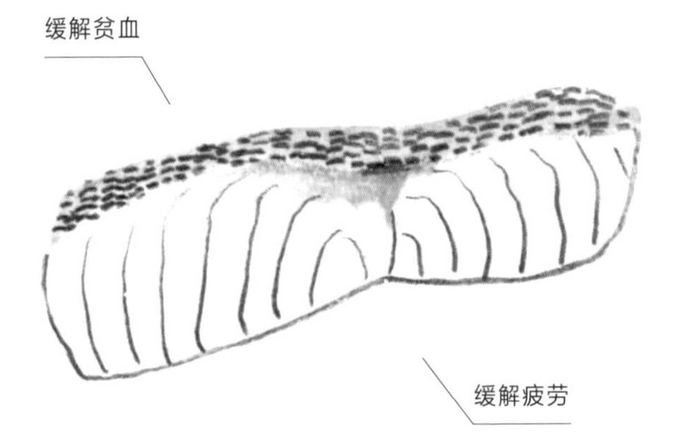

对缓解贫血和疲劳效果显著的减肥食材

鳕鱼具有补气养血的功效，因此适宜贫血、感到疲惫的人群食用。鳕鱼富含优质蛋白质，脂肪含量少，是出色的减肥食材。

鳕鱼和山药（请参考第 101 页）可做成焖饭。还可以将酱油、芝麻酱、柠檬汁、蒜泥、少许咖喱粉混合均匀，淋在鳕鱼上油煎。

食谱
P227

prune

冬

西梅

主要功效

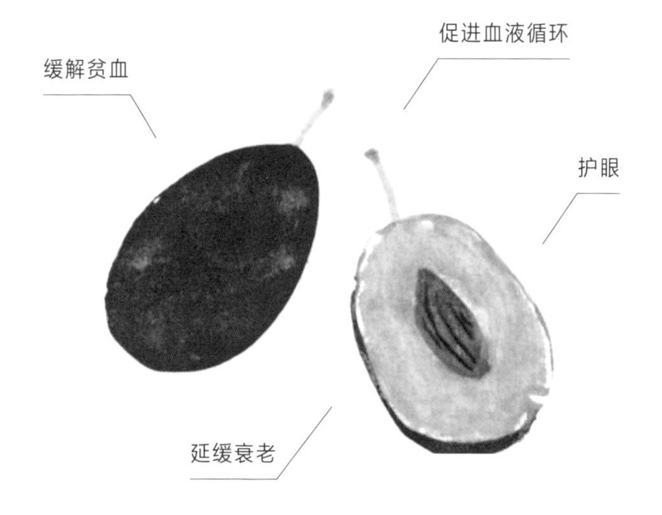

缓解贫血和肌肤干燥

西梅，特别是西梅干具有补血、行血的功效。

西梅还可补肾明目、延缓衰老。

此外，西梅富含胡萝卜素和多酚，具有美容功效。

使用红酒或醋炖煮料理时，可加入西梅干，做成的料理会十分鲜美。

食谱
P229

冬

lamb

羊肉

主要功效

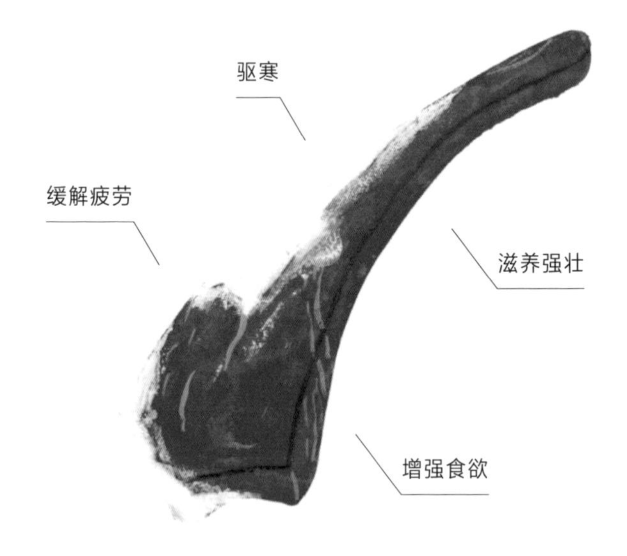

让身体暖和起来

羊肉温补的作用很强，可以改善因寒证导致的腹痛、食欲缺乏等症状。

另外，羊肉还具有补肾的功效，可用于缓解腰膝酸软冷痛、产后的滋补身体等。它还可以促进乳汁分泌。

羊肉的温热不易散发，因此上火、发热的人群不宜多食。

羊肉独特的香气与孜然是绝配。把羊肉剁碎，加调料，做成肉丸子，烤其表面，放入孜然、卡宴辣椒粉调味的番茄汤汁里炖煮，最后加入香菜就是美味的中东风味料理。

chicken

冬

鸡肉

主要功效

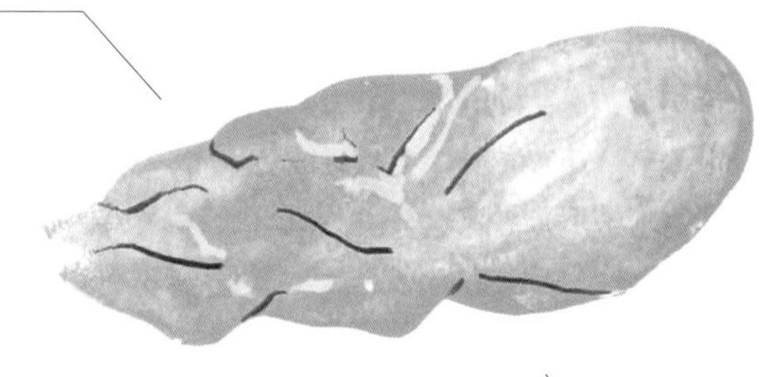

感到不适时，请吃点鸡肉

鸡肉可温暖脾胃，易于消化吸收，因此不会给身体增加负担。

鸡肉适宜肠胃虚弱的人、儿童和老人食用，可强身健体。

另外，鸡肉适合想要延缓衰老和增强体力的人群食用。

在美国，如果得了感冒、身体不适时，人们就会喝鸡汤。人们认为鸡肉是一种有益于身体健康、营养易吸收的食材。用余热焖制的水煮鸡不仅肉质软嫩，其汤汁还能做成煲汤。

食谱
P231

食谱索引

食谱索引

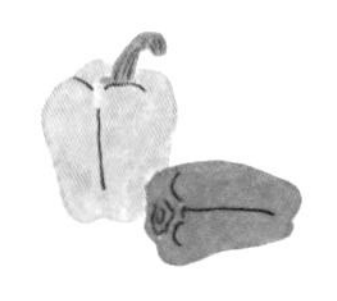

第二部分 应知晓的药膳基础知识

接下来将简单介绍药膳的基础知识。

本书围绕时节与食材的关系和五行说，向读者展示深邃的药膳世界，内容简明易懂。

关于药膳

药膳是指采用中国传统医学智慧，在饮食上根据身体状况来选择食材，组合食材。

补其不足，泻其有余，行其滞……药膳是以平衡的视角来思考问题的，与其说是治疗，不如说更重视的是防未病。

谈起药膳，很多人脑中会浮现药物的画面。然而，使用中药材并不等于药膳。

一般来说，我们利用在超市购买到的应季食材就可以做药膳。让我们通过“平实、简便又美味的料理”来获得美和健康吧！

中国古代哲学认为,“万物皆可以阴和阳划分，它们相互对立，又相互影响”。

就像太阳和月亮、男人和女人、上和下等，两种事物在强度和容量方面旗鼓相当，协调平衡的状态就是最佳状态。

根据阴阳的哲学思想，一般认为，人的身体达到阴阳平衡就是健康状态。

食材也分阴阳。使身体温热的食材为阳，使身体寒凉的食材为阴。

正如药膳中倡导的,“体内阴气过剩、体寒的人要食用让身体温热的阳性食材”。我们应根据体质、身体状况和时节挑选食材，调节身体的阴阳平衡。

什么是阴阳？

什么是五行？

五行源于中国的哲学思想，它认为“世界万物和自然现象均由木、火、土、金、水这五种要素构成，且按照这个顺序不断循环”。

木代表着树木生长发育，火意味着火焰燃烧，土代表大地，金代表金属和矿物，水就表示液体。

五行之间相互影响，既有引发促使对方的相生关系，也有抑制对方的相克关系。例如，树木燃烧生火，就是相生关系；反之，水能削弱火势，就是一种相克关系。

五行与脏腑、时节、颜色和味道等也有对应关系，因此，我们要根据体质、身体状况、时节来调整饮食。

根据资料，黄瓜有时为寒性。

食物中有使身体温热的食材、使身体寒冷的食材，还有对身体没有影响的食材。这些食材可分为寒、凉、平、温、热五种类型，也就是五性。

寒性体质的人适合吃热性和温性的食材，热性体质的人适合吃寒性、凉性的食材。平性食材对身体没有影响，可以经常食用。

另外，夏季应季食材中寒性、凉性食材较多，冬季应季食材中热性、温性食材较多，因此吃应季食材就可以自然而然地调节身体。

寒性（清凉消热的性质最强）

苦瓜、茄子、绿豆芽、章鱼、羊栖菜、西瓜等。

凉性（具有清热的性质，但比寒性食材温和些）

黄瓜、西芹、生菜、白萝卜、菠菜、梨、杧果等。

平性（既不温热也不清热）

大米、玉米、土豆、黄豆、鸡蛋、猪肉、牛肉、乌贼等。

温性（具有温热的性质，但比热性食材温和些）

姜、大葱、紫苏、南瓜、羊肉、鸡肉、虾、三文鱼、水蜜桃等。

热性（温热的性质最强）

桂皮、大蒜（生）、辣椒等。

什么是五性？

什么是五味？

五味是指根据五行说将食物的味道分为酸、苦、甘、辛、咸。

五味分别对应着五个脏腑，被脏腑吸收发挥其效果。五味平衡是药膳的基础。

如果偏爱某种味道，也许就是其所对应的脏器紊乱失衡的信号。

利用五味，就能调整自身体质的弱点，调节脏腑平衡。

酸（收敛作用，对应肝）

抑制汗液、小便、鼻涕、血等大量流出。

苦（清热泻火的作用，对应心）

出现发热、便秘、浮肿等症状时排毒。

甘（补益气血的作用，对应脾）

体质虚弱的人群或体力消耗时。

辛（行气活血的作用，对应肺）

发散阻滞不畅的热、湿气等，在感冒初期。

咸（软坚散结的作用，对应肾）

便秘、有疖子等时。

东方医学把内脏称为脏腑。脏是指心、肝、脾、肺、肾，腑是指胆、胃、大肠、小肠、膀胱和三焦。

脏是生成并储藏气血和营养素的器官，腑是主管运送饮食、消化吸收等承担转输变化的器官。脏与腑相互联系，互为表里。

脏腑会因气血津液的多或少、不良生活习惯、压力等诱发功能失调，引发疾病。因时节运转，有的器官容易受损，因此养生很有必要。

味道和色彩分别有相对应的脏器，因此了解五脏和五味、五色的关系，就可以灵活挑选、烹饪食材。

什么是五脏？

五行说与食材

五行说将自然界的万物和自然现象分为五类，把它描绘出来就是五行色体表。

着眼于本书中讲到的脏腑、季节、五味、五色，制成了第 167 页的表。有了这个表格就能很方便地查询因季节转换容易受损的脏腑、滋养脏腑的颜色和味道。

同时，表中还附有每个时节中具有代表性的推荐食材。

五行色体表与应吃食材

五行	木	火	土	金	水
五脏	肝	心	脾	肺	肾
五腑	胆	小肠	胃	大肠	膀胱
五时	春	夏	梅雨	秋	冬
五色	青	赤	黄	白	黑
五味	酸	苦	甘	辛	咸
推荐食材	西芹、菜心、竹笋、柑橘类、蛤蜊、甘蓝、土当归、野菜、草莓、裙带菜、洋葱、茼蒿、鸭儿芹、香芹菜、韭菜、牛油果	苦瓜、番茄、茄子、西瓜、秋葵、茗荷、水蜜桃、沙丁鱼、红豆、章鱼、黄瓜、冬瓜、西葫芦、紫苏、菠萝、牛肉	玉米、芦笋、豆类、南瓜、青椒·柿子椒、杧果、花生、鲣鱼、杂粮、薏米、生菜、绿豆芽·粉丝、姜、土豆、黄豆、蜜瓜	山药、大葱、莲藕、芜菁、胡萝卜、蘑菇、菠菜、梨、乌贼、奶酪·酸奶、白萝卜、芋头、柿子、鸡蛋、三文鱼、猪肉	虾、牡蛎、核桃、白菜、牛蒡、黑木耳、黑芝麻、苹果、栗子、羊栖菜、西蓝花、小松菜、西梅、鳕鱼、鸡肉、羊肉

什么是气？

气是维持人体生命活动的基本物质。

气推动着血、津液和排泄物在体内的运转，具有调控脏器、维持体温、保护身体免于疾病、生发血和水、保护内脏不位移等多重作用。

气的生化不足称为气虚。身体会出现易疲劳、易盗汗、便秘、畏寒、易感冒、浮肿等情况。

气虚的原因为劳伤、睡眠不足、胃肠功能衰退等。气虚人群宜食用杂粮、芋头类、肉、鱼等补气的食材和易于消化吸收的食材。

另外，气的流通不畅称为气滞。症状表现为胸腹胀闷、打嗝放屁、精神抑郁等。

气滞的原因主要有气虚、压力过大、缺乏运动等。气滞人群宜食用具有行气功效的香草等带香气的食物、调味品、柑橘类等食材。

所谓血，是指血液。

血将营养物质运输到身体各个部位，滋润身体。血的运转需要气来推动。

体内血液亏虚不足称为血虚。症状表现为面白无华、肌肤发质干燥、断甲、头晕目眩、失眠、月经不调等。

血虚的原因为偏食、过度节食、熬夜等。血虚人群宜多吃肉、鱼、鸡蛋等食物和促进化生血液的黑色食物。

气虚、血虚、缺乏运动、压力过大、吸烟等会诱发血行淤滞。血行不畅称为血瘀。血瘀的症状表现为容易有黑眼圈和皱纹、肩膀酸痛、畏寒、痛经、月经推迟等。

要改善血瘀症状，重要的是要改变生活习惯，不要让身体受寒。此类人群可在饮食中加入用醋调味的食材，或食用纳豆、洋葱、三文鱼和青鱼等温热身体、促进血行通畅的食材。

什么是血？

什么是津液？

津液是指体内除血液之外的所有液体。津液来源于饮食，输布全身，作为营养物质具有滋润濡养的作用。同时，津液还是化生血液的原料，调整着体内的阴阳平衡。

津液亏少、滋润不足、阴阳失衡的状态称为阴虚。众所周知，随着年龄的增长，濡养身体的津液匮乏，就容易导致阴虚。

眼睛干燥、咽干、上火、盗汗、便秘等症状容易出现在更年期的女性和老年人身上。

阴虚人群宜食用滋润身体的水果，以及补阴的食物如豆腐、猪肉、乳制品等。

另外，体内水分淤滞称为水毒。水的代谢与脾、肺、肾有关，这些器官功能失调，就会出现痢疾、浮肿、畏寒等症状。

水毒人群宜食用杂粮、芋头类、水果、坚果、黑色食物等健脾润肺补肾的食物，或者豆类、瓜类等具有利尿作用的食物及有助行气的食物。

东方医学认为，季节中有风、寒、暑、湿、燥、火这六个显著的气。六气过剩，则会生成风邪、寒邪、暑邪、湿邪、燥邪和火邪，引发各种疾病。

药膳通过应季食材来抑制邪气，调整身心平衡。

二十四节气是中国古人研究的成果，以太阳周年运动轨迹为基础，将一岁划分为四时，即春、夏、秋、冬，每个季节每 15 天为一节气。

接下来将介绍各个节气的特点和推荐食材。

自然规律与二十四节气

立春
（2月4日左右）

雨水
（2月19日左右）

人们能感受到早春的气息，雪变成了雨，但阳气较弱，因此人们不妨食用具有暖身发热作用的韭菜、大葱、大蒜等食材。

惊蛰
（3月6日左右）

春分
（3月21日左右）

冬眠的昆虫爬出地面，昼夜几乎等长。阳气开始上升，人们不妨食用补阴、抑制阳气过盛的蛤蜊等食材。

清明
（4月5日左右）

谷雨
（4月20日左右）

万物生机勃勃、雨生百谷。肝气旺盛而升发，人们不妨食用利于行气养肝的西芹、香芹菜、鸭儿芹等食材。

二十四节气与饮食

立夏
（5月6日左右）

小满
（5月21日左右）

人们能感受到夏天到来的气息，万物生长。快到立夏时，人们不妨食用补气养血的鲤鱼；即将进入梅雨时节，则食用调整身体水分代谢的芦笋、豆角等食材。

芒种
（6月6日左右）

夏至
（6月22日左右）

插秧播种的时节，白昼时间达到全年最长。湿度上升，人们不妨食用促进水分代谢的绿豆芽、薏米等食材。

小暑
（7月7日左右）

大暑
（7月23日左右）

梅雨结束，迎来一年中最热的节气。人们不妨食用具有解热清心功效的苦瓜、西瓜等食材。

立秋
（8月8日左右）

处暑
（8月23日左右）

从日历上看，进入秋季，但仍在暑热时段。人们不妨食用具有清热功效的番茄、茄子，具有补气养血功效的沙丁鱼、章鱼等，预防夏季倦怠症。

白露
（9月8日左右）

秋分
（9月23日左右）

草上露水凝，昼夜等长。因暑热出汗失去水分，加上空气干燥，人们不妨食用润燥的梨、猪肉、鸡蛋、酸奶等食材。

寒露
（10月8日左右）

霜降
（10月24日左右）

草上的露水更冷，凝结成霜。人们不妨食用具有补气功效的芋头类，具有润肺功效的柿子、银杏果等食材，以弥补夏季损耗的气和因干燥易受损的肺。

二十四节气与饮食

立冬
（11月8日左右）

小雪
（11月22日左右）

人们能感受到冬天的气息，雨变成了雪。人们不妨食用具有滋补肾气功效的核桃和黑芝麻，具有益气补血、强健筋骨功效的三文鱼，提高免疫力的蘑菇等食材。

大雪
（12月7日左右）

冬至
（12月22日左右）

积雪覆盖大地，白昼是一年中最短的时节。人们不妨食用具有补气暖身功效的羊肉、虾、大葱、蒜、辣椒等食材。

小寒
（1月6日左右）

大寒
（1月20日左右）

天气寒冷到极致。在大雪·冬至之后，仍旧要驱寒保暖。大餐过后，肠胃虚弱，人们不妨食用鸡肉、鳕鱼、白萝卜、白菜、苹果等易消化的食材。

如何阅读食谱

· 大汤匙为 15 毫升，小汤匙为 5 毫升。1 杯为 200 毫升。

· 适量盐是指大拇指、食指和中指捏起来的盐量（约 1 克）；少许盐是指大拇指和食指捏起来的盐量（约 0.3 克）。

· 使用的盐不是精制盐，而是富含矿物质的自然盐；使用的酒不是料酒，而是日本酒。

· 使用的橄榄油是特级初榨橄榄油。关于芝麻油，用到太白芝麻油（用未炒制的芝麻压榨而成）之处，均可用无香气、难氧化的米糠油代替。如果两者都没有，也可以使用色拉油。使用的黄油为有盐黄油。

· 火候无特殊说明时，是指中火。

· 使用微波炉的功率为 600 瓦，请根据不同型号适当调节加热时间。

第三部分　每日简单药膳五色饭

以下是食谱集，所用食材均源于『第一部分　应季食材图鉴』介绍的应季食材。

从主菜到副菜、煲汤自不必说，反复使用的经典调料汁和酱汁都会一并给出建议。

此外，还有甜点和休息时吃的各类点心。

所有食谱均是至多三步完成，让您轻松掌握。

草莓土当归水芹沙拉

材料（2 人份）

材料……（2 人份）
草莓……6~10 个
土当归……1/4 根
醋……适量
水芹……1/2 把
A
- 芥末粒酱……小汤匙 1/2 勺
- 盐……适量
- 胡椒……少许
- 白葡萄酒醋……小汤匙 1 勺
- 橄榄油……小汤匙 1 勺
- 蜂蜜……小汤匙 1/4 勺

做法

1 草莓清洗后去蒂，大草莓切成方便食用的大小。土当归适当多去皮，切成 4 厘米长的长方块，放在滴醋的水中。把水芹撕成方便食用的大小。

2 制作调味汁。将 A 中的食材放入大碗中，拌匀。

3 控干步骤 1 中食材的水分，将其加入步骤 2 的大碗中，搅匀后盛出。

这是一款口感清脆，具有春天气息的沙拉。土当归的香气可以舒缓心情。

茼蒿绿橄榄青酱

材料（易做的分量）

茼蒿（只要叶片）……50 克 (2/3 把）
绿橄榄（无核）……20 克
蒜泥……少许
味噌……大汤匙 1 勺
胡椒……少许
橄榄油……大汤匙 5 勺
盐……适量

做法

1 茼蒿叶片洗净后浸在水中，使其变得爽脆后控干水分。
2 将茼蒿和其余食材一同放入搅拌机。根据橄榄和味噌的盐分判断，如果咸味不足可加入少许盐调味。

可放在煮好的意大利面上，或与油煎竹笋、扇贝一起享用。可在压力过大而没有食欲时食用。

西芹蛤蜊饭

材料（易做的分量）

大米……200 毫升
蛤蜊（去沙）……400 克
A 酒……大汤匙 2 勺
  水……大汤匙 2 勺
西芹……1 根
生姜（切末）……大汤匙 1/2 勺
酱油……大汤匙 1/2 勺
盐……适量

做法

1 淘米，放入笸箩。将蛤蜊与 A 中的食材一起放入锅中（可用平底锅），盖上锅盖开火。蛤蜊一张口就关火。过滤汤汁后，将蛤蜊肉取出。西芹节以下部分切成 3 毫米宽的段，上部连同叶片切成大块。

2 将大米、切段的西芹和生姜放入电饭煲（注意不要放入切成大块的西芹），倒入步骤 1 的汤汁、酱油并加水至 360 毫升，开启电饭煲。

3 米饭蒸好后，将剩余西芹用厨房纸巾去除水分后与蛤蜊肉及米饭混合再次蒸制。咸味不足时，可加盐调味。

这是一款具有春天气息的菜饭，从中可以品味蛤蜊的鲜美和西芹浓郁的芳香。蛤蜊和西芹有助于消除身体浮肿。

菜心裙带菜小沙丁鱼汤

材料（2人份）

菜心	50克
裙带菜（盐腌）	20克
A 小沙丁鱼干	40克
水	500克
酒	大汤匙1勺
盐	适量
胡椒	少许
橄榄油	适量

做法

1 将菜心去除较硬的菜心梗，其余切成大块。裙带菜去除盐分，切成方便食用的大小。

2 将A中的食材入锅煮沸，加入步骤1制备的食材、盐、胡椒调味。将成品盛入碗中，滴上橄榄油。

香芹菜茅屋奶酪春卷

材料（8根）

A
- 香芹菜（只要叶片，切碎）……1杯
- 茅屋奶酪（用滤网过滤）……2/3杯
- 希腊酸奶……1/3杯（也可将原味酸奶沥干水分）
- 盐……小汤匙1/2勺
- 胡椒……少许

春卷皮（迷你尺寸）……8张
面粉……少许
油炸用油……适量

做法

1 将A中的食材放入大碗中，拌匀。

2 每张春卷皮，包入两大汤匙步骤1制备的馅料，卷好春卷皮，注意不要留有空隙。再用面粉加清水调成糊状，给春卷封口。

3 油烧至190度左右，将春卷下锅油炸。春卷皮着色后，快速捞出。

竹笋炒肉末（微辣）

材料（2人份）

- 竹笋（水煮）…… 150克
- 猪肉末 …… 100克
- 芝麻油 …… 小汤匙1勺
- A
  - 盐 …… 适量
  - 酒 …… 大汤匙1勺
- B
  - 豆瓣酱 …… 小汤匙1/2勺
  - 酱油 …… 大汤匙1勺
- 胡椒 …… 少许

做法

1. 将竹笋从笋尖纵切，其余切成扇形薄片。将B中的食材搅拌均匀。
2. 平底锅倒入芝麻油，油烧热后，放入猪肉末和A中的食材翻炒。食材快熟时加入竹笋，从锅边加入B中的食材，继续翻炒，最后撒上胡椒。

牛油果酸奶沙拉

材料（2 人份）

牛油果……1 个

A
- 原味酸奶……大汤匙 3 勺
- 白味噌……小汤匙 1 勺
- 白芝麻酱……小汤匙 1/2 勺
- 柠檬汁……小汤匙 1/2 勺
- 柠檬皮（切碎）……1/2 个
- 盐……少许
- 胡椒……少许

芝麻菜……少许

1 牛油果去皮去核，切成不规则形状。准备点柠檬皮，用作盛盘的点缀。

2 将 A 中的食材倒入大碗中，拌匀。加入牛油果，轻轻搅拌。

3 盘中放芝麻菜，放入步骤 2 制备的食材，撒上备好的柠檬皮。

葡萄柚甜点

材料（2人份）

葡萄柚……1/2个
片状明胶……3克
A
- 白葡萄酒……80毫升
- 水……80毫升
- 砂糖……20克
- 生姜（榨汁）……小汤匙1/2勺

B
- 小豆蔻粉……撒3下
- 柠檬汁……小汤匙1勺

薄荷叶……适量

做法

1 葡萄柚去皮，剥出果肉。片状明胶用凉水泡发。
2 将A中的食材放入小锅，烧沸，将步骤1制备的片状明胶控干水分后放到锅里，使其融化。将食材盛到大碗里，加入B中的食材并等待其冷却凝固。
3 步骤2中的食材凝固后，将葡萄柚果肉盛盘，用汤匙将步骤2中的食材淋在果肉上，最后再加上薄荷叶作点缀。

白葡萄酒和豆蔻的风味是这道菜的关键。感到烦躁时，不妨吃些葡萄轴。

玉米杂粮墨西哥沙拉

材料（2人份）

玉米……1/2根
黄米……大汤匙1勺
蒸黄豆……50克
紫洋葱……1/8个
香菜……适量（1~2根）
A 冷冻杧果……80克
柚子胡椒……小汤匙1/2勺
柠檬汁……大汤匙2勺
胡椒……少许

做法

1 玉米连同玉米须一起用保鲜膜裹住，用微波炉（600瓦）加热2~3分钟。将玉米须切碎，玉米粒剥下。快速清洗黄米，锅中加入大量的水，加入黄米并开火煮沸，水开后煮5分钟捞出，控干水分。
2 制作莎莎酱。紫洋葱和香菜切小段，与A中的食材一同放入大碗中拌匀。
3 在步骤2的大碗中加入蒸黄豆，混合均匀。

用冷冻杧果就可轻松制作出莎莎酱。玉米可消除身体浮肿，推荐连同玉米须一起食用。

糖醋柿子椒鸡肉

材料（2人份）

柿子椒（黄色·橙色）……各1/2个

鸡腿肉……1个

洋葱……1/4个

罗勒……20~30片（4~5枝）

太白芝麻油（生芝麻油）……大汤匙1/2勺

A
- 黑醋……大汤匙2勺
- 酱油……大汤匙1勺
- 粗砂糖……小汤匙1勺
- 盐……适量
- 淀粉……小汤匙1/2勺
- 水……大汤匙1勺

做法

1 柿子椒切成不规则形状，鸡肉切大块（可一口咬下的大小），洋葱切薄片。罗勒取叶的部分。

2 平底锅倒入太白芝麻油，加热后，将鸡皮一侧朝下放入锅中，烧至着色，鸡肉翻个，加入洋葱、柿子椒翻炒。鸡肉炒熟，洋葱发蔫后，立刻盛盘。

3 在平底锅中加入A中的食材，拌匀煮开，汤汁变得黏稠后，将步骤2中的食材回锅，加入罗勒叶，快速翻炒后出锅。

这道菜可品味黑醋醇厚的酸味，清爽可口。情绪焦躁时，推荐食用柿子椒。

鲣鱼生菜沙拉

材料（2 人份）

鲣鱼（拍松 · 生鱼片）……120 克
生菜……80 克
蒜末……小汤匙 1/2 勺
橄榄油……大汤匙 1 勺
A 米醋……大汤匙 1 勺
鱼露……大汤匙 1 勺
盐……适量
胡椒……少许

做法

1 将生菜切成方便食用的大小。锅中加水煮沸。

2 制作调味汁。平底锅放蒜末和橄榄油，开小火。蒜末变成黄褐色，立刻盛至大碗。余热散去后，加入 A 中的食材拌匀。

3 将生菜放入热水中，其颜色变得翠绿时，立即放入笸箩。将生菜快速控干水分后，与鲣鱼拌在一起盛盘。

快速烫后的生菜口感脆爽，是这道菜的重点。鲣鱼是适合肠胃虚弱人群食用的、滋补强健的食材。

柠檬奶酪炖土豆

材料（2 人份）

- 土豆……2 个
- 蒜末……小汤匙 1/2 勺
- 橄榄油……大汤匙 1/2 勺
- 鸡汤……150 毫升
- A
  - 鲜奶油……60 毫升
  - 盐……适量
  - 胡椒……少许
  - 柠檬汁……小汤匙 2 勺
- 柠檬皮（切碎）……1/2 个

做法

1. 土豆去皮，切成大小适宜的块。
2. 锅中放入橄榄油和蒜末，加热，香气飘出后，加入土豆翻炒，之后倒入鸡汤，盖上锅盖炖煮。土豆软糯后，加入 A 中的食材和一半柠檬皮，再煮 5 分钟。
3. 将步骤 2 制备的食材盛盘，撒上剩余的柠檬皮。

南瓜扁桃仁沙拉

材料（2 人份）

南瓜……400 克（1/4 个左右）
扁桃仁（整个）……20 克
培根（片）……1 片
盐……适量
咖喱粉……小汤匙 1/4 勺
现磨胡椒……少许

做法

1 扁桃仁切大块。培根切成 1 厘米宽的段，平摊放在耐高温的小盘中，用厨房用纸将盘子全部包裹，放入微波炉（600 瓦）加热 1~2 分钟，直到微微发硬。

2 南瓜去皮，切成 1~2 厘米的方块，放入耐高温容器中，然后裹上保鲜膜放入微波炉（600 瓦）加热 5 分钟。去掉保鲜膜，再加热 5 分钟直至南瓜可以用筷子扎孔，放入碗中捣碎成泥。

3 步骤 2 中制备的食材加盐、咖喱粉搅拌均匀后，再加入步骤 1 中制备的食材拌匀。装盘，撒上现磨胡椒。

芦笋焖豆角

材料（2人份）

芦笋……………………………………3根
甜豌豆………………………………5个
豆角……………………………………3~4个
新土豆………………2个（120克左右）
培根（片）…………………………2片
A 百里香……………………………2枝
　水……………………………………2杯
　酒………………………大汤匙1勺
盐……………………………………适量
胡椒…………………………………少许
橄榄油……………………小汤匙1勺

做法

1 芦笋下半段用削皮器去皮后，全部切段，甜豌豆去筋，切两半。豆角切成4厘米长的段，新土豆切成5毫米厚的块。培根切成5毫米宽的段。

2 锅中放入橄榄油和培根，翻炒，加入新土豆和A中的食材，炒至土豆变软时加入芦笋、甜豌豆和豆角焖煮。豆角软糯后，加盐和胡椒调味出锅。

这道菜使用了提升胃肠功能的食材，推荐疲惫时食用。这道菜不仅用到的蔬菜种类丰富，而且驱寒暖胃。

薏米蜜瓜蜜饯

材料（易做分量）

薏米……1/2 杯
蜜瓜（果肉）……200 克
A 枫糖浆……50 毫升
　水……500 毫升
　八角……1/4 个

做法

1 清洗薏米，直至水变清澈。如果时间充足，可将薏米放入水中浸泡 1 小时左右。
2 薏米用箩筐控干水分后和 A 中食材一起下锅，开火煮沸，盖上锅盖再煮 30~40 分钟。薏米煮软后，剔除八角后冷却（如果吃不完，可冷冻保存）。
3 将蜜瓜切成适当大小的块，盛盘，淋上步骤 2 中制备的食材。

鲜姜熘肉卷（咸甜味）

材料（2 人份）

鲜姜……100 克
猪肉（里脊肉切薄片）……150 克
盐……少许
太白芝麻油……大汤匙 1/2 勺
A 酱油……大汤匙 1 勺
  味淋……大汤匙 1 勺

做法

1 鲜姜切成 1~1.5 厘米长的条状，用猪肉包裹，撒上少许盐。

2 平底锅加入太白芝麻油，加热。将步骤 1 制备的食材封口朝下并放入锅中煎炸，全部着色后取出。

3 用厨房纸巾将平底锅剩余的油擦拭干净，放入 A 中的食材。开中火，酱汁冒大泡时将猪肉卷回锅，勾芡后猪肉色泽光润，将食材不断翻炒直至汤汁收尽。

冬瓜柠汁腌章鱼

材料（2 人份）

- 冬瓜……100 克
- 章鱼（生鱼片用）……80 克
- 酒……小汤匙 1 勺
- 樱桃番茄……4 个
- 紫洋葱……1/8 个
- 香菜……1 根
- A
  - 柠檬汁……大汤匙 2 勺
  - 蒜泥……少许
  - 柚子胡椒……小汤匙 1/2 勺
  - 胡椒……少许

做法

1. 冬瓜连皮用削皮器切成薄片。章鱼切成适宜入口的段，淋上酒。樱桃番茄纵向切成四等分。紫洋葱切细条，泡入水中，控干水分。香菜切大段。
2. 将 A 中的食材放入大碗中拌匀，加入步骤 1 中制备的食材搅拌均匀。腌渍 10 分钟左右，盛盘即可。

西班牙西瓜番茄冷汤

材料（2 人份）

西瓜……100 克
水果番茄……4 个（250 克）
蜂蜜梅干（盐分 3%~5%）……2 大个
A 海带高汤……1/2 杯
盐……适量
胡椒……少许
米醋……大汤匙 1 勺
蜂蜜……小汤匙 1 勺半
橄榄油……大汤匙 1/2 勺
西葫芦……适量
装饰用的西瓜……适量
现磨黑胡椒……适量
橄榄油……适量

做法

1 西瓜切大块，去籽。热水烫番茄，横切一半，去籽切大块。蜂蜜梅干去核。
2 将 A 中的食材和步骤 1 制备的食材放入搅拌机搅拌成糊。
3 倒入容器，用微波炉加热西葫芦，并和西瓜一同切丁放在上面。撒上现磨黑胡椒，淋上橄榄油即可。

秋葵菠萝鹰嘴豆沙拉

材料（2~3 人份）

秋葵……6 根
菠萝……50 克
鹰嘴豆（水煮）……50 克
A 花生酱（无糖）……大汤匙 1 勺
　白葡萄酒醋……大汤匙 1 勺
　盐……适量
　胡椒……少许
　咖喱粉……小汤匙 1/4 勺
　橄榄油……大汤匙 1 勺
柿子椒粉……适量

做法

1 水开后加盐，放入秋葵煮熟。将秋葵捞出后放入冷水，待控干水分后，切成三等分。菠萝切成与秋葵同等大小。鹰嘴豆去皮。

2 将 A 中的食材放入大碗中拌匀，加入步骤 1 制备的食材继续搅拌。

3 将步骤 2 制备的食材盛盘，撒上柿子椒粉。

秋葵和菠萝都有利于缓解因夏季倦怠症导致的食欲缺乏和消化不良，不妨吃一点。

肉末炒黄瓜（微辣）

材料（2 人份）

猪肉末……100 克
黄瓜……1 根
大葱……1/2 根
A 豆瓣酱……小汤匙不到 1 勺
粗砂糖……小汤匙 1/2 勺
酱油……大汤匙 1/2 勺
酒……大汤匙 1/2 勺
淀粉……小汤匙 1/2 勺
芝麻油……大汤匙 1/2 勺
姜末……大汤匙 1/2 勺

做法

1 黄瓜纵切两半，去籽，斜切成 5 毫米宽的条。大葱斜切成 5 毫米宽的条。把 A 中的食材拌匀。

2 平底锅倒入芝麻油，油烧热后，加入姜末翻炒。加入肉末炒至着色，依次加入大葱、黄瓜。最后加入 A 中的食材翻炒。

黄瓜可祛热。黄瓜虽然多数时候生吃，但作为下饭菜，还可以炒着吃。

梅子味羊羹

材料（4~6 人份）

A
- 水煮红豆（罐头）……200 克
- 蜂蜜梅干（南高梅、盐分 5%）…3 个
- 水……150 毫升
- 柠檬汁……大汤匙 2 勺

琼脂粉……2 克

做法

1 将步骤 A 中的食材放入搅拌机，搅拌至细腻。

2 把步骤 1 制备的食材和琼脂粉放入锅中，开火煮沸后，一边搅拌一边继续煮 2~3 分钟。之后倒入模具等容器，使其冷却凝固。

3 食材凝固后分切装盘。

芝麻拌樱桃番茄和小沙丁鱼干

材料（2人份）

樱桃番茄……150克（12~15个）

小沙丁鱼干……10克

绿紫苏……5~6片

A 白芝麻酱……大汤匙2勺

粗砂糖……大汤匙1/2勺

酱油……大汤匙1/2勺

做法

1 樱桃番茄横向对半切开，把断面朝下放在厨房用纸上，吸干水分。绿紫苏切细丝，浸水后，用厨房用纸去除水分。

2 将A中的食材放入碗中，拌匀后，加上樱桃番茄和小沙丁鱼干，搅拌均匀。

3 将步骤2制备的食材盘盘，放上步骤1制备的绿紫苏。

牛肉炒苦瓜

材料（2人份）

牛肉（切片）……150克
苦瓜……1/2根
红柿子椒……1/4个
太白芝麻油……大汤匙1/2勺
酒……大汤匙1勺
A 蚝油……大汤匙1勺半
  酱油……大汤匙1/2勺
  粗砂糖……小汤匙1勺
胡椒……少许

做法

1 苦瓜去瓤，切薄片。撒上适量盐（配料之外），放置5分钟后，快速清洗，去除水分。柿子椒切片。
2 平底锅里倒入太白芝麻油，油烧热后，加入牛肉和酒进行翻炒，再加入苦瓜和柿子椒翻炒。
3 将A中的食材放入步骤2的平底锅中，混合均匀，撒上胡椒。

这道菜融入了苦瓜和牛肉这两种食材。苦瓜能清热消暑，牛肉可以增强体力。

茗荷与绿紫苏的香味调料汁

材料（易做分量）

A
- 面类调味汁（非浓缩）……150 毫升
- 粗砂糖……大汤匙 3 勺
- 醋……大汤匙 3 勺

B
- 生姜（切碎）……大汤匙 1 勺半
- 大葱（切碎）……大汤匙 3 勺
- 茗荷……2 个
- 绿紫苏……5 片
- 炒白芝麻……大汤匙 1/2 勺

做法

1 将 A 中的食材混合后入锅，慢慢加热，使粗砂糖融化。或者在容器中倒入少许面类调味汁，加入粗砂糖，放入微波炉（600 瓦）微微加热后，把 A 中的食材拌匀。

2 茗荷和绿紫苏切碎，将 B 中的食材全部放入步骤 1 制备的食材中。

香味调味汁可搭配“竹荚鱼、蒸茄子和挂面”。准备两人份时，煮两把挂面，准备两个小茄子、一条竹荚鱼、180 毫升香味调味汁即可。

1 茄子去蒂，用削皮器去皮，每根茄子用保鲜膜包裹放入微波炉（600 瓦）加热 2 分钟左右。冷却后，切成适当大小。

2 挂面煮完放入冰水里冷却。

3 将步骤 2 制备的食材（控干水分的挂面）盛盘，将步骤 1 制备的茄子和竹荚鱼放在面上，蘸着香味调味汁食用。

核桃豆浆炖猪肉

材料（2人份）

猪肉片……80克
大葱……1/2根
白萝卜……100克
蟹味菇……30克
白舞茸……30克
A 核桃……30克
  酒糟……50克
  味噌……大汤匙1/2勺
  豆浆（未经二次加工）……1杯
海带高汤……2杯
盐……小汤匙1/2勺
胡椒……少许

做法

1 猪肉切成方便食用的大小，大葱斜切。白萝卜切成5毫米厚的扇形。蘑菇用手掰开。将A中的食材放入搅拌机进行搅拌。

2 海带高汤和白萝卜放入锅中，开中火，白萝卜软烂后放入猪肉、大葱、蘑菇和搅拌后的A中食材，用小火炖熟。最后用盐和胡椒调味。

大葱驱寒暖身，可缓解感冒初期的咽喉、鼻子不适等症状，舞茸可提升免疫力。这道菜能帮助人们抵御秋季的寒凉。

芋头鸡蛋菠菜焗饭

材料（2人份）

芋头……5个
鸡蛋……2个
洋葱……1/4个
菠菜……100克
橄榄油……大汤匙1/2勺
盐和胡椒……各少许
A 味噌……小汤匙2勺
　奶酪屑……大汤匙3勺
　鲜奶油……1/2杯
　胡椒……少许
柚子皮（切碎）……适量

做法

1 鸡蛋放沸水中煮8分钟，剥壳，纵切成四等分。洋葱切细条，菠菜切大块，一起用橄榄油炒至发蔫，撒盐和胡椒调味。将A中的食材倒入大碗，拌匀。烤箱200摄氏度预热。

2 芋头切成2~3厘米厚的方块，下锅煮熟（可用筷子轻轻插透）。趁热控干水分，用叉子背面轻轻挤压，然后加入A中的食材混合均匀。

3 将步骤1制备的洋葱炒菠菜放入耐高温容器，放上煮好的鸡蛋，再放上步骤2制备的食材，撒上柚子皮，放烤箱烤10分钟左右。

食材都先烹饪熟了，因此可以快速完成。鲜奶油等乳制品和芋头可以预防因秋燥导致的身体失调和便秘，推荐食用。

花椒味照烧三文鱼芜菁

材料（2 人份）

- 三文鱼（鱼块）……2 块
- 盐……少许
- 芜菁……2 个
- 大葱……1/2 根
- 太白芝麻油……大汤匙 1/2 勺
- 酒……大汤匙 1 勺
- A
  - 盐……适量
  - 酱油……小汤匙 1 勺
  - 味淋……小汤匙 1 勺
- 花椒粉……小汤匙 1/4 勺

做法

1 将每块三文鱼切成三等分，撒盐，出水后擦干水。芜菁带皮切成六等份，大葱斜切成 1 厘米长的段。

2 平底锅中倒入太白芝麻油，加热后，将三文鱼带皮一侧朝下放入锅中，煎至着色。煎另一面时，放入芜菁，淋上酒，盖上锅盖焖制。

3 三文鱼熟后，加入大葱和 A 中的食材，稍微翻炒几下，撒上花椒粉，混合均匀。

莲藕花生拌味噌

材料（2 人份）

莲藕……160 克
（直径 10 厘米、约 10 厘米长的莲藕）
醋……适量
A 花生酱（无糖）……大汤匙 1 勺
白味噌……大汤匙 1 勺
酒……大汤匙 1 勺
味淋……大汤匙 1/2 勺
盐……少许
胡椒……少许
芥末粒……小汤匙 1/2 勺至 1 勺

做法

1 莲藕切成不规则的块。水开后加少许醋，放入莲藕焯水。

2 将 A 中的食材放入小锅，搅拌均匀，开火，一边煮一边使酒精挥发。

3 小锅沸腾后，关火，放入芥末粒，搅拌均匀。加入步骤 1 中的莲藕继续搅拌。

韩式猪肉炖梨

材料（2人份）

猪肩肉（姜汁烧猪肉用）……4~6片
梨……1/2个
盐……少许
A
- 生姜（切碎）……大汤匙1/2勺
- 大葱（切碎）……大汤匙1勺
- 酒……大汤匙1/2勺

B
- 豆瓣酱……小汤匙1/2勺
- 醋……小汤匙1勺
- 酱油……大汤匙1/2勺

芝麻油……大汤匙1/2勺
酒……大汤匙1~2勺
小葱……适量
炒白芝麻……适量

做法

1 猪肉撒盐。梨切成1厘米厚的弧形。小葱斜切。将A中的食材放入耐高温容器中，裹上保鲜膜，放进微波炉（600瓦）中加热30秒，再放入B中的食材，做成调味汁。

2 平底锅中倒入芝麻油，油烧热后，放入步骤1制备的猪肉和梨，淋上酒，盖上锅盖，开大火炖煮，直至猪肉炖熟。

3 将步骤2中的食材盛盘，剩余汤汁用大汤匙舀1/2的量，与步骤1中的调味汁混合，浇在上面，最后撒上小葱和白芝麻。

梨具有滋润功效，可在干咳时食用。对缓解肌肤干燥也有效，推荐食用。

绿橄榄风味油煎枪乌贼和杏鲍菇

材料（2 人份）

枪乌贼……2 只
杏鲍菇……2 根
A 绿橄榄……10 克
　味噌……小汤匙 1/4 勺
　蒜末……小汤匙 1/2 勺
　胡椒……少许
　酒……大汤匙 1/2 勺
橄榄油……大汤匙 1/2 勺
百里香……1 根
现磨黑胡椒……适量

做法

1 切下枪乌贼须，剔除软骨，在水中清洗后，撕掉外面的黑膜，切成 1.5 厘米宽的圆环。枪乌贼须切成方便食用的大小。杏鲍菇横向切开，用手撕成适当大小。绿橄榄去核，切碎放入大碗，加入 A 中其他食材，拌匀。
2 平底锅倒入橄榄油，烧热后放入杏鲍菇，大火翻炒，使其着色。
3 将枪乌贼、A 中的食材和百里香放入步骤 2 的平底锅中，混合均匀，盖上锅盖。枪乌贼炒熟后，关火盛盘，撒上现磨黑胡椒。

推荐有贫血和妇科疾病的人群食用枪乌贼。根据绿橄榄和味噌的咸淡，增减盐的用量，如果味淡，可加入少许盐。倘若使用太平洋褶柔鱼，半只即可。

胡萝卜柑橘酱费南雪

材料（易做分量·直径2厘米约24个）

胡萝卜末……100克

A
- 柑橘酱……大汤匙1勺
- 枫糖浆……大汤匙1勺
- 椰子油……小汤匙2勺
- 柑曼怡……小汤匙1勺

扁桃仁粉……50克

做法

1 烤箱180摄氏度预热。如果椰子油凝固，可用微波炉稍稍加热，使其融化。

2 大碗中倒入A中的食材，拌匀。用手轻轻控干胡萝卜末的水分，将胡萝卜和扁桃仁粉加入其中。用橡胶刮刀等工具搅拌均匀。

3 从步骤2制备的食材中舀出一茶匙左右的量，揉成圆球，放在铺好烘焙纸的托盘里，依次排开。用手指在圆球中心按压出凹陷，烘烤15分钟即可。如果时间充裕，在调整形状前可先放入冰箱冷藏，这样食材更易于成形。

山药酸奶沙司

材料（2 人份）

山药（带皮）……100 克

A 原味酸奶……大汤匙 3 勺
盐……适量
胡椒……少许

做法

1 山药去皮，切成 1.5 厘米左右的方块。

2 将步骤 1 中的食材放入耐高温容器，裹上保鲜膜，放进微波炉加热 3 分钟。趁热把山药挤压成泥，加入 A 中的食材混合均匀。拌上蒸熟的蔬菜一起食用。

黑芝麻烤鳕鱼苹果奶酥

材料（2 人份）

鳕鱼……2 块
苹果（红玉）……1/2 个
盐……少许
橄榄油……大汤匙 1 勺
A
- 低筋面粉……大汤匙 3 勺
- 黑芝麻酱……大汤匙 3 勺
- 炒黑芝麻……大汤匙 1/2 勺
- 奶酪屑……大汤匙 2 勺
- 盐……适量
- 胡椒……少许

黄油……20 克

做法

1 将每块鳕鱼对半切开，苹果带皮切成 1 厘米厚的块，分别用盐和橄榄油腌制。黄油切成 1 厘米厚的方块后冷藏。烤箱 180 摄氏度预热。

2 将 A 中的食材放入大碗，搅拌均匀后，放入黄油块。将黄油块一边蘸上粉末，一边用指尖轻轻压碎。制备好的食材放入烤箱前可先放入冰箱冷藏。

3 将步骤 1 制备的鳕鱼和苹果放在铺好烘焙纸的烤盘上排开，在上面放上步骤 2 制备的食材，烘烤 20 分钟左右。

鳕鱼富含蛋白质，脂肪含量低，适合减肥人士。黑芝麻可有效延缓衰老。

辣味西梅酱

材料（易做分量）

干西梅（去核）……12个

A 葡萄酒醋……大汤匙2勺
桂皮粉……小汤匙1/4勺
辣椒粉……小汤匙1/4勺
盐……适量
胡椒……适量

做法

1 干西梅用刀切碎，加入A中的食材后混合均匀。

这款酱汁只需将材料拌匀即可。可以配上水煮鸡肉，做成三明治也不错。西梅可预防贫血、延缓衰老。

牛蒡西蓝花沙拉

材料（2人份）

牛蒡……1/2根
西蓝花……80克
醋……适量
A
- 姜末……大汤匙1勺多
- 味噌……大汤匙1勺
- 红糖……大汤匙1勺
- 米醋……大汤匙1勺
- 胡椒……少许
- 芝麻油……大汤匙1勺

现磨黑胡椒……适量

做法

1 制作调味汁。将A中的食材放入大碗中，搅拌均匀。

2 牛蒡切成5厘米长的段，锅中水开后加醋，放入牛蒡煮5~6分钟直至煮软。将牛蒡捞出，趁热用研磨杵等工具拍打，加入步骤1的大碗中，进行腌制。

3 西蓝花分成小朵，蒸熟后加入步骤2的大碗中，搅拌均匀。将西蓝花盛盘，按喜好撒上现磨黑胡椒。

中式浇汁羊栖菜炒鸡肉

材料（2人份）

长羊栖菜（干）……10克
鸡胸肉（去皮）……1小块
白菜……100克
A 盐……适量
酱油……小汤匙1/2勺
淀粉……大汤匙1勺
B 生姜（切碎）……大汤匙1/2勺
酒……大汤匙2勺
水……150毫升
芝麻油……大汤匙1/2勺
C 粗砂糖……小汤匙1勺
酱油……大汤匙1/2勺

做法

1 长羊栖菜泡发后切成适当大小。菜刀倾斜，将鸡肉切片后，按照A中食材的顺序，将食材放入碗中，裹满鸡肉。白菜切大块。
2 在平底锅中放入B中的食材，开火煮沸后，将鸡肉入锅摆放好。将鸡肉快速翻个，盖上锅盖，再次沸腾后关火，利用余热焖5分钟，然后包括汤汁一起倒入碗中。
3 在平底锅中倒入芝麻油，加入羊栖菜和白菜进行翻炒。将步骤2制备的食材回锅，并加入C中的食材，稍微炖煮即可。

奶油烧牡蛎培根甘蓝

材料（2人份）

牡蛎……120克
培根（片）……2片
甘蓝……80克
橄榄油……小汤匙1勺
酒……大汤匙2勺
鲜奶油……1/2杯
胡椒……少许（稍多）
盐……适量

做法

1 清洗牡蛎，控干水分。培根切成2厘米宽的条。甘蓝切丝。
2 锅中放橄榄油，烧热后放入培根翻炒。加入牡蛎和酒，盖上锅盖蒸煮。
3 牡蛎变软后，倒入鲜奶油、甘蓝烹煮。加胡椒，如果咸味不足，可加盐调味。

菜花栗子羹

材料（2 人份）

菜花……150 克（约 1/3 个）
糖炒栗子（去皮）……40 克
洋葱……1/4 个
橄榄油……小汤匙 1 勺
海带高汤……1 杯半
牛奶……80 毫升
盐……适量
胡椒……少许
装饰用糖炒栗子……适量
肉豆蔻……适量

做法

1 菜花分成小朵，洋葱切细丝。
2 锅中倒入橄榄油，烧热后放入洋葱炒至发蔫。加入海带高汤、菜花和糖炒栗子，煮到食材软烂。
3 将步骤 2 制备的食材倒入搅拌机，搅拌后再倒入锅中，加入牛奶，用盐和胡椒调味。将成品倒入碗中，糖炒栗子切碎，放在上面，最后撒上肉豆蔻。

小松菜炖木耳

材料（2人份）

小松菜……150克
黑木耳（干燥）……3克
虾米……15克
水……1杯
油炸豆腐……1/2片
芝麻油……大汤匙1/2勺
A 盐……适量
　酱油……大汤匙1/2勺
　酒……大汤匙1勺

做法

1 小松菜切成4厘米宽的段。木耳泡发后切成1厘米宽。虾米用水清洗，浸在水中泡发。油炸豆腐用热水去油后，切成1厘米宽的段。

2 锅中倒入芝麻油，加热后放入小松菜和木耳进行翻炒。小松菜变软后，把虾米连同泡发的水一起倒入锅中，加入油炸豆腐和A中的食材，稍稍炖煮。

黑木耳缓解干燥，小松菜镇定焦虑情绪。这道菜热气腾腾，盛盘后可稍稍放置再食用。

核桃红糖酥

材料（易做的分量）

核桃……100克

A
- 水……大汤匙2勺
- 红糖……40克

B
- 黄油……20克
- 黑胡椒……小汤匙1/4勺
- 桂皮粉……小汤匙1/4勺

做法

1 核桃放烤箱烘烤或用平底锅干炒。黄油切小块。

2 平底锅里放入A中的食材，开火。用木铲不断搅拌，直至红糖完全熔化、全部冒泡后关火。加入B中的食材，混合均匀，将黄油熔化。

3 再次开火，搅拌食材，等冒泡后，加入步骤1中制备的核桃，将汁液裹在核桃上。然后把核桃放在铺好烘焙纸的烤盘上，快速摆放开，待其冷却。

核桃营养丰富，对咽喉、支气管等呼吸器官有益处，还能应对肌肤干燥，推荐食用。带盐黄油的香味让人欲罢不能。核桃作为小吃也是不错的选择。

参考文献

『現代の食卓に生かす「食物性味表」改訂2版』
日本中医食養学会編、国立北京中医薬大学日本校浣医学博士仙頭正四郎監修　燎原書店

『食養生の知恵　薬膳食典 食物性味表』
一般社団法人日本中医食養学会編、日本中医学院監修 燎原書店

『先人に学ぶ　食品群別・効能別　どちらからも引ける　性味表大事典 改訂増補版』
竹内郁子編著 ブイツーソリューション

『早わかり薬膳素材食薬の効能 性味 帰経』辰巳洋編 源草社

『増補新版 薬膳浣漢方食材＆食べ合わせ手帖』喩静・植木もも子監修 西東社

『毎日役立つからだにやさしい薬膳浣漢方の食材帳』薬日本堂監修 実業之日本社

『東方栄養新書 体質別　の食生活実践マニュアル』梁晨千鶴著 メディカルユーコン

『中药大辞典（全两册）上册／下册』江苏新医学院编 上海科学技术出版

『第三版中草药彩色图谱』徐国钧、王强主编 福建科学技术出版社

『中医基本用語辞典』高金亮監修、劉桂平・孟静岩主編 東洋学術出版社

『全訳中医基礎理論』戴毅監修、浅野周訳者 たにぐち書店

『中医学ってなんだろう①人間のしくみ』小金井信宏 東洋学術出版社

『わかる中医学入門』邱紅梅 燎原書店

『決定版 和の薬膳食材手帖』武鈴子著 家の光協会